NOTE

SUR LE SERVICE DU MATÉRIEL ET DE LA TRACTION

DES

CHEMINS DE FER DU SUD DE L'AUTRICHE

ET EN PARTICULIER SUR L'EXPLOITATION

DU SEMMERING ET DU BRENNER

EN 1876 ET 1877

NOTE

SUR LE SERVICE DU MATÉRIEL ET DE LA TRACTION

DES

CHEMINS DE FER DU SUD DE L'AUTRICHE

ET EN PARTICULIER SUR L'EXPLOITATION

DU SEMMERING & DU BRENNER

EN 1876 ET 1877

SUIVIE DE QUELQUES CONSIDÉRATIONS
SUR L'ENSEMBLE DU SERVICE ET SUR LES PROGRÈS RÉALISÉS
PENDANT LA PÉRIODE DÉCENNALE DE 1868 A 1877
ET D'UNE DESCRIPTION
DES DESSINS, ALBUMS ET OBJETS DEVANT FIGURER
A L'EXPOSITION UNIVERSELLE DE 1878

PAR

A. GOTTSCHALK

EXTRAIT des Mémoires de la Société des Ingénieurs civils.

PARIS

IMPRIMERIE E. CAPIOMONT ET V. RENAULT

6, RUE DES POITEVINS, 6

1878

NOTE

SUR LE SERVICE DU MATÉRIEL ET DE LA TRACTION

DES

CHEMINS DE FER DU SUD DE L'AUTRICHE

ET EN PARTICULIER SUR L'EXPLOITATION

DU SEMMERING ET DU BRENNER

EN 1876 ET 1877

SUIVIE DE QUELQUES CONSIDÉRATIONS SUR L'ENSEMBLE DU SERVICE
ET SUR LES PROGRÈS RÉALISÉS PENDANT LA PÉRIODE DÉCENNALE DE 1868 A 1877
ET D'UNE DESCRIPTION
DES DESSINS, ALBUMS ET OBJETS DEVANT FIGURER

A L'EXPOSITION UNIVERSELLE DE 1878

PAR M. A. **GOTTSCHALK.**

Le bienveillant accueil qui a été fait à mes notes précédentes par les personnes compétentes, et particulièrement la distinction dont elles ont été l'objet de la part de la Société des Ingénieurs civils de Paris, qui a bien voulu, dans sa séance du 15 juin dernier, m'accorder la grande médaille d'or pour mon dernier travail relatif aux résultats obtenus de 1872 à 1875, me font un devoir de publier le compte rendu de nos opérations pendant les deux années suivantes.

Comme l'année 1877 sera la dernière de ma gestion, je ferai suivre ce compte rendu de quelques considérations sur l'ensemble du service et des progrès réalisés pendant la période décennale de 1868 à 1877, pendant laquelle j'ai dirigé le service du matériel et de la traction des chemins du Sud de l'Autriche.

Enfin je terminerai par la description des dessins, albums et objets que la Compagnie se propose de faire figurer à l'Exposition universelle de 1878.

PREMIÈRE PARTIE

COMPTE RENDU DES RÉSULTATS D'EXPLOITATION OBTENUS EN 1876 ET 1877.

Les deux grands faits qui ont dominé cette dernière période de notre activité ont été :

1° L'introduction, appliquée à notre système de matériel, de toutes les modifications et perfectionnements prescrits par le nouveau règlement technique de l'union des chemins de fer allemands, tel qu'il a été arrêté dans les séances des 26, 27 et 28 juin 1876, tenues à Constance par l'assemblée générale des délégués de l'Allemagne et de l'Autriche-Hongrie réunis;

2° L'étude, l'introduction et le perfectionnement des freins continus.

Nous nous réservons de traiter ces questions dans le résumé qui terminera la première partie de notre travail.

En attendant, et pour faciliter la comparaison, nous présenterons nos résultats dans l'ordre adopté dans nos communications antérieures, en annexant à notre compte rendu les profils en long des lignes, avec indication des longueurs, proportions des déclivités et courbes, rampes maxima et rayons de courbure minima des différentes sections du réseau.

La compagnie du sud de l'Autriche, ayant complété son réseau par l'ouverture de la ligne de Saint-Peter à Fiume, n'a reçu aucun accroissement depuis la publication de notre dernière note, en dehors des lignes d'Istrie dont l'exploitation lui a été confiée par le gouvernement à la fin de l'année 1876.

Ces lignes, dont le développement total est de 143.8 kilomètres, à savoir 122 kilomètres entre Divazza et Pola et 20.8 kilomètres entre Canfanaro et Rovigno, présentent des rayons de 200 mètres et des rampes maxima de 20 millimètres sur une étendue de 45.4 kilomètres.

Ligne principale de Vienne à Trieste et ses embranchements.

Les tableaux n°s 1 et 2 indiquent, en les comparant à ceux des années précédentes, les résultats obtenus en 1876 et 1877 sur la ligne de Vienne à Trieste et ses embranchements.

L'amélioration sensible sur les résultats des années précédentes qu'ils permettent de constater, tient à deux causes principales, la baisse des prix de presque toutes les matières et par-dessus tout la meilleure utilisation de la puissance toujours croissante de nos machines.

Ce n'est qu'en nous appliquant sans cesse à augmenter cette dernière, aussi bien lors des commandes de machines neuves que lors de la reconstruction des anciennes machines dans nos ateliers, et en profitant de toutes les occasions pour modifier nos marches de train, de façon à utiliser de mieux en mieux cette puissance, que nous sommes arrivés à combattre la double influence sur les prix de revient et notamment sur ceux de la tonne kilométrique du parcours et de la vitesse toujours croissante des trains de voyageurs.

A ce sujet nous ne saurions trop mettre en lumière les excellents résultats obtenus, notamment dans ces deux dernières années, sur le Karst, par la substitution de machines à huit roues couplées avec tenders séparés aux machines-tenders à six roues couplées, employées précédemment.

Cette substitution nous a permis, entre autres avantages, de diminuer de plus du tiers le personnel des mécaniciens et chauffeurs de Laybach, en réduisant d'autant le nombre des trains de marchandises pour faire le même travail et nous a conduits, surtout depuis que le personnel est bien au courant de la conduite de nos fortes machines, à faire des économies considérables de combustible, à ce point que des calculs très-approximatifs permettent d'évaluer à près de un million de francs l'économie réalisée sur la traction dans la section du Karst depuis 1872 jusqu'à fin 1877.

A ce taux, la valeur de nos machines à 8 roues sera bientôt amortie.

En prenant pour point de départ les résultats de l'année 1867 qui nous ont été laissés par notre habile prédécesseur et qui étaient, à juste titre, considérés comme très-favorables, nous voyons en somme que la charge moyenne des trains a passé de 177t35 qu'elle était en 1867 à 220t91 en 1877, soit une augmentation de 24.56 pour cent, tandis que le prix de revient du kilomètre de train : 0f964 en 1877 a diminué sur le prix correspondant de 1867 : 0f.972. . . . . de 0.8 %.

Par suite le prix de la tonne kilométrique de charge brute qui était de 0f005486
en 1867 est descendu à 0.004362

en 1877, soit une diminution très-notable de 20,5 % qui appliquée au travail total de l'année 1877, soit 2.004.711.000 tonnes kilométriques, représente, pour le dernier exercice de ma gestion, une économie de 2.253.295 fr. sur le prix de revient de 1867 pour la ligne principale seulement.

En examinant les sous-détails des prix de revient par kilomètre de train, on voit que les dépenses du chapitre « Conduite » sont restées sensiblement sans variation dans les dernières années.

Elles sont pour 1877 de 8 pour cent inférieures à celles de 1867, bien que depuis cette époque, il y ait eu une augmentation de la paie du personnel des machines, par suite de la création d'une classe nouvelle de mécaniciens et d'une amélioration sensible de leurs allocations de parcours et de leurs primes de combustible et d'entretien.

Les dépenses de combustible depuis 1872 ont été sans cesse en diminuant; cela tient en même temps aux prix plus favorables des combustibles et à une meilleure utilisation de ces derniers, due en grande partie à l'agrandissement constant des foyers ainsi qu'à l'habileté plus grande du personnel.

En ramenant, comme toujours, les quantités et prix de revient des différents lignites employés sur notre réseau à des quantités proportionnelles de coke de Witkowitz (bassin de Silésie) qui est notre unité de comparaison, on trouve que nous avons brûlé par kilomètre de train moyen :

en 1867	l'équivalent de	13k26	de coke de Witkowitz.
1868	—	13.8	—
1869	—	14.1	—
1870	—	14k5	—
1871	—	16.	—
1872	—	15.2	—
1873	—	15.4	—
1874	—	14.7	—
1875	—	14.3	—
1876	—	13.8	—
1877	—	13.6	—

En divisant les quantités précédentes par les charges correspondantes des trains moyens, on trouve que pour chaque tonne kilométrique de charge brute, on a brûlé :

en 1867	l'équivalent de	0k07479	de coke de Witkowitz.
1868	—	0.07271	—
1869	—	0.06966	—
1870	—	0.07242	—
1871	—	0.07558	—
1872	—	0.07200	—
1873	—	0.07345	—
1874	—	0.07138	—
1875	—	0.06899	—
1876	—	0.06644	—
1877	—	0.06444	—

Quant au prix moyen du combustible, il a atteint pour l'équivalent d'une tonne de coke de Witkowitz

21f725 en	1867	20f17 en	1873
20.010	1868	19.91	1874
18.535	1869	18.90	1875
18.815	1870	18.60	1876
19.710	1871	18.21	1877
20.83	1872		

Il en résulte que la dépense correspondante par tonne kilométrique de charge brute a été de

0f001625 en	1867	0f001362 en	1870
0.001455	1868	0.001489	1871
0.001291	1869	0.001500	1872

0f001481 en 1873		0f001235 en 1876	
0.001427	1874	0.001118	1877
0.001304	1875		

soit une diminution de 31 pour cent de 1867 à 1877 bien que la proportion des trains de voyageurs et surtout celle des trains rapides ait, depuis lors, beaucoup augmenté. Voir le tableau n°16.

Les dépenses de graissage ont suivi depuis 1867 les variations de prix des huiles de colza, que nous avons dans les années favorables remplacées par des huiles d'olive pour les sections à grandes rampes.

Les dépenses d'alimentation d'eau ont été en augmentant dans ces dernières années, par suite de la diminution des quantités d'eau vendues au profit du service de traction à des tiers, mais surtout en raison des frais causés par la préparation des eaux impropres à l'alimentation des chaudières de la première division de traction et notamment des eaux du dépôt de Vienne.

Nous avons dans nos rapports précédents constaté, à plusieurs reprises, que nos chaudières, qui duraient de 12 à 15 ans dans les autres divisions de traction, atteignaient à peine une durée moyenne de 3 ans dans la première division, lors de notre prise de service.

Le prix d'entretien de nos chaudières par kilomètre de train atteignait de la sorte à l'atelier de Vienne quatre fois le prix correspondant des ateliers de Marbourg.

Grâce aux mesures que nous avons prises, et à l'application depuis 1871, des méthodes d'épuration de MM. Bérenger et Stingl, cette proportion a pu être réduite de 4 à 2 $^1/_2$, dans la période de 1871 à 1876; en perfectionnant encore nos appareils d'épuration qui sont les premiers appliqués d'après le système primitif de filtrage de notre inspecteur M. Bérenger, nous sommes persuadés qu'on arrivera avec moins de frais à des résultats encore plus favorables.

Cette épuration qui est encore très-dispendieuse (19 centimes par mètre cube d'eau préparée), en raison de la présence dans nos eaux de grandes quantités de carbonate de magnésie, que nous sommes obligés de traiter par la soude, augmente notablement nos dépenses d'alimentation; mais, par contre, nous lui attribuons une influence déjà sensible dans ces dernières années sur le chapitre « réparation des machines. »

Le prix de revient des réparations par kilomètre de train a été en effet sans cesse en diminuant depuis 1874, et si on doit en attribuer la principale cause aux prix décroissants des matières, il n'en est pas moins vrai que l'alimentation avec des eaux bien préparées a dû exercer une certaine influence.

Du reste, ce n'est pas sur le chapitre « Réparations » que nous avons cherché à réaliser des économies.

Notre but a été, depuis le premier jour de notre gestion jusqu'au dernier, de maintenir toutes nos machines en bon état de service, en vendant au fur et à mesure, au profit du compte inventaire, et au débit du compte entretien, toutes les machines jugées trop faibles ou dont la reconstruction dans nos ateliers eût été sans profit pour la compagnie.

Quant aux machines ayant besoin de grandes réparations, elles ont été sans cesse reconstruites sur des plans comportant tous les derniers perfectionnements de la mécanique; la pression de leur chaudière a été portée aussi haut que les dimensions de leur mécanisme pouvaient le permettre; leurs foyers ont été sans cesse développés, les dimensions des essieux et du mécanisme augmentées; leurs pistons d'ancien modèle, remplacés par des pistons suédois du modèle le plus perfectionné, etc.

Bref rien n'a été négligé pour améliorer l'état des machines depuis dix ans, et ce qui le prouve c'est la diminution constante des petites avaries de route.

Nous pouvons en dire autant du matériel voitures et wagons, dont les dépenses d'entretien ont sans cesse été en augmentant depuis 1867, pour ne diminuer que légèrement en 1876 et 1877, par suite des prix plus bas des matières dans ces deux dernières années.

Nous rappelons que les dépenses de réparation des véhicules (voitures et wagons) ont été depuis 1872 réparties entre les diverses sections du réseau au prorata des parcours des trains, en augmentant de 25 pour cent leurs parcours dans les sections à grandes rampes du Semmering, du Brenner, de Lienz à Brunnek et de Saint-Peter à Fiume, pour tenir compte de l'usure plus grande des véhicules dans les sections difficiles, où l'on fait constamment usage du frein.

En somme l'ensemble des dépenses d'entretien machines et véhicules a atteint en 1877 le chiffre de 0f428 par kilomètre de train, tandis que la dépense correspondante de 1867 était de 0f348 seulement; c'est donc une augmentation de 0f080 soit de 23 pour cent sur 1867.

La dépense de graissage des véhicules par kilomètre de train a continué à diminuer depuis 1872, année où elle avait atteint son maximum, et depuis laquelle nous avons pris le parti de hâter le remplacement, au compte entretien, par des boîtes à huile de toutes les boîtes à graisse devenues défectueuses, notamment sous les wagons à marchandises couverts plus spécialement destinés au trafic international. Rappelons que les dépenses de graissage des véhicules ont été, par analogie avec ce qui se fait depuis 1872 pour les dépenses d'entretien des véhicules, réparties entre les différentes sections du réseau au prorata des parcours des véhicules sur nos différentes sections.

Enfin l'ensemble des chapitres frais généraux pour 1877 est resté inférieur de 23.6 pour cent au chiffre correspondant de 1867.

Il résulte de cette analyse que les résultats des deux dernières années ont été encore plus favorables que les précédents et que les seules augmentations sur les résultats de l'année 1867 portent sur les chapitres entretien du matériel machines et véhicules; ces augmentations atteignent pour 1877 et dépassent même pour 1876 les économies faites sur l'ensemble des autres chapitres.

En résumé, le prix de revient de kilomètre de train moyen en 1877 est de 51.6 pour cent inférieur au prix de 1860, malgré la charge beaucoup plus grande.

Section du Semmering.

Les résultats obtenus en 1876 et 1877 pour la traction et l'exploitation du Semmering se trouvent résumés dans les tableaux n°s 3, 4, 5 et 6 qui donnent en même temps les comparaisons avec les résultats correspondants des années précédentes.

Ils sont très-favorables pour ces deux dernières années, et comparés à ceux de l'année 1867, ils se trouvent être inférieurs à ceux-ci de 18.4 pour cent pour 1876 et de 22.5 pour cent pour 1877 par kilomètre de train.

Une analyse facile à faire conduira à conclure, que les mêmes causes ont produit sur les dépenses d'exploitation du Semmering des effets analogues à ceux déjà signalés pour l'ensemble de la ligne principale.

En résumé, les dépenses de tous les chapitres par kilomètre de train ont considérablement diminué depuis 1867, excepté les dépenses de graissage, variables avec le prix des matières grasses et celles d'entretien des machines et véhicules, qui ont subi une augmentation analogue à celle signalée pour l'ensemble de la ligne principale.

L'augmentation du chapitre Conduite sur les résultats correspondants de 1875 tient aux primes plus élevées payées au personnel des machines par suite des économies considérables réalisées sur le chapitre combustible. Il suffit en effet de jeter les yeux sur le tableau n° 5 pour s'en convaincre et se féliciter du résultat obtenu par l'agrandissement constant des foyers de nos machines.

La consommation par tonne kilométrique de charge brute a été de

0k17752	en 1869	0k17255	en 1874
0.19036	1870	0.16624	1875
0.19050	1871	0.14907	1876
0.17594	1872	0.14644	1877
0.17451	1873		

tandis que la consommation analogue était de 0k19222 en 1868, année où les trains de marchandises étaient encore partagés en deux au pied de la rampe.

Nous sommes donc plus que jamais conduits à conclure que l'emploi des machines en queue du train ne présente aucun désavantage, ni au point de vue de la consommation du combustible, ni à celui de l'adhérence, puisque le chargement relatif des trains de marchandises va toujours en croissant.

L'emploi continu, depuis bientôt dix ans, de machines en queue des trains de marchandises n'a d'ailleurs donné lieu à *aucun* inconvénient, malgré les craintes inspirées au premier moment par les nombreuses courbes du Semmering et leurs rayons de 180 mètres.

Au point de vue de la sécurité il y a lieu de faire entrer de plus en plus cette disposition dans la pratique des exploitations à grandes rampes, même pour les trains de voyageurs.

Nous répéterons que son complément nécessaire pour régulariser la vitesse et obtenir un prompt arrêt, devant un obstacle, à la descente, est l'emploi d'un frein à contre-vapeur ou celui d'un frein *à vide* toujours à la disposition du mécanicien.

Le tableau suivant donne le parcours des trains sur le Semmering de 1868 à 1877.

DÉSIGNATION.	1868.	1869.	1870.	1871.	1872.	1873.	1874.	1875.	1876.	1877.
	Kilomètres.	Kilomètres.	Kilomètres.	Kilomètres.	Kilomètres.	Kilomètres.	Kilomètres.	Kilomètres.	Kilomètres.	Kilomètres.
1° Trains de voyageurs remorqués par une machine à 6 roues couplées...........	98185 6	98178 »	106201 9	107698 4	114434 8	172657 »	135311 5	125502 8	126210 »	128815 »
2° Trains de marchandises remorqués par une machine à 8 roues couplées........	276486 9	329190 »	386138 4	488280 5	533364 0	552041 »	434700 5	443045 2	437819 »	437043 »
Parcours totaux..............	374672 5	427368 »	492340 3	595978 9	647798 8	724698 »	570012 0	568548 0	564029 »	565858 »

En admettant, comme précédemment, que le prix de traction par kilomètre d'un train de voyageurs, remorqué par une seule machine à 6 roues couplées, soit sensiblement la moitié du prix analogue d'un train de marchandises double, passant en deux fois ou en une fois avec deux machines à 8 roues couplées, dont l'une en tête l'autre en queue, on voit que depuis 1867 les prix ont varié comme suit :

Prix de traction par kilomètre.	1867.	1868.	1869.	1870.	1871.	1872.	1873.	1874.	1875.	1876.	1877
	fr.	fr.	fr.	fr.	fr.	fr.	fr.	fr.	fr.	fr.	fr.
Pour un train de voyageurs traversant le Semmering avec une seule machine, à six roues couplées.......	1.666	1.386	1.246	1.481	1.327	1.365	1.430	1.742	1.523	1.359	1.290
Pour un train de marchandises traversant en deux fois, avant 1869, ou remorqué par deux machines, dont une en tête et l'autre en queue, depuis 1869...................	3.332	2.772	2.492	2.962	2.654	2.730	2.860	3.485	3.046	2.718	2.580

Ce tableau, comme celui n° 4, fait voir que les résultats de 1876 et 1877 sont très-favorables et accusent des réductions énormes sur les prix correspondants de 1860, alors que les machines n'avaient pas encore été transformées, leurs foyers agrandis, et leur puissance augmentée.

On ne saurait d'ailleurs prétendre, comme quelques critiques l'ont avancé, que le poids toujours croissant des machines, et notamment la charge plus considérable sur les essieux des nouvelles machines à huit roues aient exercé un effet défavorable sur la voie.

Il résulte, en effet, du tableau suivant que nous devons à l'obligeance de notre collègue M. Prenninger, directeur du service de l'entretien et de la surveillance, que la dépense d'entretien de la voie a toujours été en diminuant depuis 1872, époque où les nouvelles machines à huit roues ont commencé à circuler.

Ce tableau dont les renseignements seront lus avec beaucoup d'intérêt donne la comparaison entre les frais d'entretien et de surveillance par kilomètre de chemin exploité depuis 1872 jusqu'à 1877 et les résultats moyens correspondants obtenus depuis 1860 jusque fin 1876, soit pendant une période de dix-sept ans.

DÉSIGNATION des chapitres des dépenses faites pour le chemin du Semmering.	DÉPENSES par kilomètre de chemin exploité.					MOYENNE DES DÉPENSES depuis l'année 1860.	
	1872.	1873.	1874.	1875.	1876.	TOTALES.	Par kilomètre du chemin exploité.
	fr.	fr.	fr.	fr.	fr.	fr.	fr.
Infrastructure.......	688 28	930 91	722 61	730 11	570 06	28735 »	688 76
Superstructure.......	6136 02	5154 72	3601 33	2876 26	3021 69	285835 »	6851 27
Bâtiments...........	419 34	721 80	391 59	393 70	398 25	19382 50	464 59
Clôtures............	68 19	66 31	50 33	45 48	47 52	3557 50	85 27
Surveillance.........	1086 52	1155 14	1223 63	1189 24	1217 04	49225 »	1179 89
Travaux extraordinaires	134 35	301 48	594 44	433 72	328 97	15500 »	371 52
Administration et conduite des travaux...	524 40	479 80	513 08	660 83	766 54	27620 »	662 03
Totaux......	9057 10	8810 16	7097 01	6329 34	6350 07	429855 »	10303 33

En admettant pour les frais d'entretien de la voie l'hypothèse admise plus haut pour les frais de traction, appliquant en outre aux trains du Semmering pour comparer avec ce qui s'est fait les années précédentes, les dépenses moyennes des services du mouvement et de l'administration générale, on arrive à constituer le tableau n° 6 qui donne les résultats d'exploitation de la section du Semmering depuis 1867 et les compare aux résultats analogues des autres sections de la ligne.

Ligne du Tyrol.

Les tableaux n°s 7 et 8 indiquent, en les comparant à ceux des années précédentes, les résultats obtenus sur la ligne du Tyrol en 1876 et 1877.

Le prix de revient du kilomètre de train ressort à . . . . . 1^f^090
pour 1876 et à 1.011
pour 1877, accusant ainsi une économie de . . . . 15 %
pour 1876 et de . . . . 21.4 %
pour 1877 sur le prix correspondant (1^f^284) de 1868 pris pour point de départ de l'exploitation régulière de la ligne du Tyrol.

Relativement aux années précédentes, on voit que les frais de conduite ont légèrement augmenté en raison des primes plus grandes, payées au personnel par suite des économies beaucoup plus considérables faites sur le chapitre combustible.

Les dépenses de graissage des machines ont varié, comme pour la ligne principale avec le prix des huiles.

Les dépenses d'alimentation ont diminué dans une proportion insignifiante.

Nous avons réussi, en profitant du bas prix de matières, par une extension des ateliers d'Innsbruck et une augmentation de leur outillage, à réduire les dépenses d'entretien des locomotives, en les réparant autant que possible sur place au lieu de les envoyer aux grands ateliers de Marbourg.

Les dépenses de réparations des véhicules ont baissé comme pour toutes les autres sections du réseau en raison des prix plus bas des matières.

Les frais de graissage ont subi des variations analogues sur toutes les sections du réseau.

Enfin les frais généraux ont diminué par suite du développement constant du trafic.

En nous reportant à l'année 1868 et nous rappelant qu'à cette époque nous avons dû forcer la réparation d'une partie du matériel voitures et wagons trouvé en plus ou moins bon état sur les sections Nord et Sud du Tyrol, lors de l'ouverture du Brenner, on voit que les bons résultats de l'année 1877 sont en partie dûs à la diminution des frais généraux, mais surtout aux économies réalisées sur les dépenses de combustible, tant sur le prix d'achat que sur la consommation [1].

Les consommations et dépenses correspondantes sont indiquées dans le tableau suivant :

ANNÉES.	CONSOMMATION DE COMBUSTIBLES en unités équivalentes de coke de Silésie. Par kilomètre de train.	CONSOMMATION DE COMBUSTIBLES en unités équivalentes de coke de Silésie. Par tonne kilométrique.	DÉPENSE DE COMBUSTIBLE PAR tonne kilométrique.
	k.	k.	fr.
1868	12.63	0.11244	0.004746
1869	10.98	0.10236	0.003901
1870	11.05	0.09289	0.003280
1871	14.32	0.10822	0.004384
1872	13.66	0.09704	0.003582
1873	14.54	0.09149	0.003208
1874	14.75	0.09126	0.002592
1875	14.73	0.09104	0.002424
1876	14.50	0.08507	0.002108
1877	13.87	0.08061	0.001941

Mais là ne se bornent pas les économies réalisées dans l'exploitation de la ligne du Tyrol, elles résident pour une grande partie dans la meilleure utilisation du matériel et de la puissance des machines; il suffit pour s'en convaincre de jeter les yeux sur le tableau n° 8; on voit que depuis 1868 la charge moyenne des trains a toujours été en augmentant et que finalement elle a passé de 112t.4
qu'elle était en 1868 à 170.5
en 1876 et à 172.06
en 1877, soit une augmentation de . . . . 53. %

Il en résulte que tandis que le prix du kilomètre de train en 1877 n'accuse qu'une réduction de 21.4 pour cent sur celui de 1868, le prix de revient de la tonne kilométrique est de . . . . 48.5 % inférieur au prix correspondant de 1868.

1. Les prix moyens du combustible pour l'équivalent d'une tonne de coke de Silésie ont été les suivants, depuis l'ouverture de la ligne du Tyrol et celle de la ligne transversale de Villach à Franzensfeste :

42f.220 en 1863	35f.065 en 1873
38 .445 en 1869	28 .40 en 1874
35 .315 en 1870	26 .59 en 1875
40 .510 en 1871	24 .78 en 1876
36 .915 en 1872	24 .08 en 1877

Cela nous permet de rappeler en passant que la tonne kilométrique est une unité plus rationnelle que celle du kilomètre de train pour apprécier les dépenses de traction d'une ligne donnée.

Ainsi, en rapprochant les résultats obtenus sur la ligne du Tyrol de ceux correspondants de la ligne principale, on voit que les prix de revient du kilomètre de train ne diffèrent entre eux que d'environ 5 pour cent, tandis que les prix de revient de la tonne kilométrique diffèrent d'environ 35 pour cent pour l'année 1877.

Cette différence tient à une série de causes, parmi lesquelles il faut citer, avant tout, l'influence des sections à grandes rampes.

Nous avons pensé qu'il serait intéressant, ainsi que nous l'avons fait précédemment, de dégager autant que possible les résultats dûs à cette influence des grandes rampes, et nous avons comparé dans le tableau n° 9 les résultats de la ligne principale de Vienne à Trieste et de ses embranchements, en écartant complétement les dépenses du Semmering, avec ceux correspondants des sections Nord et Sud du Tyrol, la section du Brenner étant complétement réservée pour un examen spécial.

Un coup d'œil sur ce tableau fait voir que nos prévisions relatives aux dépenses des sections Nord et Sud du Tyrol se sont promptement réalisées et que les prix de traction proprement dite sont arrivés à la dernière limite d'économie possible.

Pour l'année 1877 on voit que les prix de revient par kilomètre de train sur les lignes mises en parallèle diffèrent de 13 pour cent en faveur des lignes du Tyrol Nord et Sud, tandis que les prix de revient par tonne kilométrique ne diffèrent plus que de 4.5 pour cent.

Ces résultats tiennent d'une part aux difficultés plus grandes du profil de la ligne principale où les courbes de la Styrie et les rampes du Karst exercent une grande influence, et d'autre part au trafic moins développé du Tyrol et au moindre chargement moyen des trains.

Au fur et à mesure du développement du trafic, de l'augmentation de la charge moyenne des trains, de l'égalité de proportion des trains de voyageurs et de marchandises sur les deux lignes, et enfin du rapprochement de l'âge moyen des machines employées, les prix de revient par chapitre correspondant, sur chacune de ces lignes tendront vers les mêmes limites.

Section du Brenner.

Le tableau n° 10 indique les prix de revient par kilomètre de train en 1876 et 1877 et les compare aux résultats analogues obtenus depuis 1868 sur le Brenner.

On peut observer d'une manière générale que le trafic s'est développé d'une façon continue sur le Brenner comme sur l'ensemble de la ligne du Tyrol depuis 1868,

Les bons résultats des deux dernières années, comparés à ceux de 1868, sont en grande partie dus comme pour l'ensemble de la ligne à une diminution des dépenses d'entretien des voitures et des frais généraux; mais surtout à une réduction considérable du chapitre combustible, provenant à la fois d'une réduction de prix du combustible et d'une réduction dans sa consommation.

Malgré une augmentation notable sur l'entretien du matériel machines, le prix de revient par kilomètre de train en 1877 est resté inférieur de 19 pour cent au prix correspondant de 1868.

L'économie réalisée sur les prix de revient correspondants de la tonne kilométrique en 1877 et en 1868 est encore plus grande soit 41 pour cent.

Elle prouve que nous avons dans les dernières années mieux utilisé la puissance des machines, la charge du train moyen ayant augmenté de 100^t.6 en 1868 à . . . . 138^t.76
en 1877 soit de . . . . 38. %
(Voir le tableau n° 13.)

Le tableau n° 11 indique pour la période de 1868 à 1877 le parcours des trains de voyageurs et de marchandises sur la section du Brenner, les prix de revient de chacun de ces trains dans l'hypothèse faite précédemment pour la section du Semmering et enfin les consommations de combustible correspondantes.

Il permet de constater que, contrairement à ce qui s'est passé sur d'autres sections, le parcours des trains de voyageurs a diminué dès 1876 relativement à celui des trains de marchandises. Le tableau n° 13 fait voir d'autre part que les trains de voyageurs ont été mieux utilisés et que leur charge moyenne est montée de 63^t.4 en 1868 et de 78^t.0 en 1875, à 85.7 en 1876 et à 86.7 en 1877.

Aussi en est-il résulté, qu'en certains cas, nos machines à six roues couplées ordinaires ont été insuffisantes, et qu'en l'absence de machine à huit roues, les trains de voyageurs ont, dans les moments de grande affluence de transports à grande vitesse, dû être remorqués en double traction.

Cette insuffisance quoique momentanée et la règle que nous avons jusqu'à présent suivie de renouveler de temps en temps les machines à six roues couplées du Brenner, de façon à avoir toujours pour le service des voyageurs des machines parfaitement sûres, nous ont engagé à affecter au Brenner les dix machines à six roues couplées que nous avions à commander en 1877; ces machines auront plus d'adhérence que nos machines ordinaires à six roues et seront munies à la fois du frein Lechâtelier et du frein à vide.

Une de ces machines devant figurer à l'Exposition universelle, nous en ferons la description dans la troisième partie de notre rapport.

L'exploitation du Brenner a d'ailleurs continué à fonctionner avec sa régularité ordinaire et il n'y a rien de particulier à en dire.

Nous renverrons toutefois les personnes qui désireraient avoir quelques détails sur cette exploitation à l'opuscule publié récemment par le chef de nos ateliers d'Innsbruck, M. Kramer, sur le service de traction au Brenner.

Il y expose les idées qui ont présidé au choix, à la construction et à l'utilisation des machines destinées au Brenner, ainsi qu'à l'organisation du service de traction sur cette section si difficile de notre réseau; et y développe avec une intéressante clarté les principales mesures prises par la direction pour améliorer peu à peu l'organisation première.

Nous terminerons ce qui concerne le Brenner en donnant dans les deux tableaux n°s 12 et 13 les résultats comparatifs obtenus sur le Brenner et le Semmering depuis 1868 jusqu'à 1877.

Ainsi qu'il résulte du tableau n° 12 et comme nous l'avons déjà fait remarquer précédemment, les dépenses de conduite sont moins chères au Brenner qu'au Semmering par suite de la plus grande longueur de la section et par conséquent de la meilleure utilisation du personnel.

Les dépenses de combustible sont plus considérables au Brenner, ce qui tient à la plusgrande charge du train moyen, bien que la proportion des trains de voyageurs y soit près de trois fois plus considérable qu'au Semmering et surtout à la plus grande valeur du combustible, ainsi qu'il résulte du tableau suivant :

DÉSIGNATION.	SEMMERING.									
	1868	1869	1870	1871	1872	1873	1874	1875	1876	1877
Prix de combustible par tonne.......	26f 55	21.1	22.2	22.67	21.67	23.21	25.28	22.15	20.95	20.98
Consommation moyenne par kilomètre de train.....................	24k	23	23.62	24.66	23.13	22.59	22.13	21.8	19.4	19.3
Charge moyenne des trains correspondante.......................	124t.9	130.2	124.1	129.45	131.45	129.5	128.25	131.25	130.2	131.79
Consommation correspondante par tonne kilométrique..................	0k.19222	0.17752	0.19036	0.190506	0.17504	0.17451	0.17255	0.16624	0.14907	0.14645

DÉSIGNATION.	BRENNER.									
	1868	1869	1870	1871	1872	1873	1874	1875	1876	1877
Prix de combustible par tonne.......	42f 60	39.8	35.67	40.71	36.99	36.935	31.96	31.89	31.13	30.24
Consommation moyenne par kilomètre de train.....................	17k.2	16.3	16.1	21.61	19.7	17.9	18.07	17.7	17.66	16.57
Charge moyenne des trains correspondante.......................	100t.6	94.05	102.55	115.3	121.83	132.2	132.35	132.3	137.9	138.76
Consommation correspondante par tonne kilométrique..................	0k.17134	0.17354	0.15706	0.187439	0.162127	0.13613	0.136566	0.13406	0.12808	0.11942

L'avantage de la consommation par tonne kilométrique en faveur du Brenner, tient au meilleur chargement des trains de marchandises (Voir le tableau n° 13).

Les trains de marchandises sont, en effet, bien chargés au Brenner dans les deux sens, tandis qu'au Semmering le trafic n'a d'importance que dans la direction du Sud au Nord.

Les dépenses de graissage ont varié avec la qualité et les prix des huiles qu'on a employées dans l'une ou l'autre des sections. Ces dépenses tendront à se rapprocher.

L'eau d'alimentation coûte moins cher au Brenner où nous avons presqu'exclusivement des prises d'eau naturelles.

Les frais généraux tendront à se rapprocher au fur et à mesure du développement du trafic au Brenner.

Les dépenses des machines sont sensiblement plus faibles au Brenner, où le matériel est moins ancien qu'au Semmering ; avec le temps les résultats du Brenner et du Semmering tendront à se rapprocher. Nous avons commencé et continué fort lentement à renouveler les chaudières en acier Bessemer de 10 machines à huit roues couplées affectées au Brenner depuis le mois d'août 1867 et qui y ont fait depuis lors un excellent service.

Les dépenses d'entretien des voitures sont plus considérables au Brenner, où le parcours des trains de voyageurs relativement à celui des trains de marchandises est beaucoup plus grand qu'au Semmering ; par contre et pour une raison analogue, les dépenses d'entretien des wagons sont inférieures à celles du Semmering.

Le tableau n° 13 complète la comparaison que nous nous proposions de faire entre le Semmering et le Brenner ; il donne la composition moyenne des trains et de leurs charges, les parcours et travaux effectués, enfin les prix de revient par kilomètre de train et par tonne kilométrique.

Il en résulte, ainsi que nous l'avions prévu dès 1869, que, dans ces dernières années, les prix de revient du Brenner sont restés sensiblement inférieurs à ceux du Semmering, après leur avoir été bien supérieurs à l'origine.

Ce résultat est dû au développement du trafic et à la baisse du prix des combustibles depuis l'ouverture de la ligne de Villach à Franzensfeste, ainsi qu'à la meilleure utilisation de la puissance des machines.

Ligne de Villach à Franzensfeste.
Dite : du Pusterthal.

Les résultats obtenus sur la ligne de Villach à Franzensfeste, ouverte en novembre 1871, marchent sensiblement d'accord avec ceux que nous avons signalés pour 1876 et 1877 sur la ligne principale du Tyrol.

En prenant pour point de départ de l'exploitation régulière de cette ligne, les résultats de l'année 1872, on voit que le parcours des trains a augmenté

en 1876 de . . . . 47.5 %
en 1877 de . . . . 85.8 %

et le travail correspondant en tonnes kilométriques

de 105.6 % . . . . en 1876
165.8 % . . . . en 1877

Le chargement brut moyen d'un train a augmenté dans la même période

de 39.3 % . . . . pour 1876 et
43. % . . . . pour 1877

Par contre les dépenses par kilomètre de train comparées à celles de 1872 ont diminué

de 17.8 % . . . . pour 1876 et
25.3 % . . . . pour 1877

et celles par tonne kilométrique de . . . . 40.9 %
en 1876 et de . . . . 47.7 %
en 1877.

Les dépenses de conduite ont continué à diminuer au fur et à mesure du développement du trafic.

De grands progrès ont été réalisés sur cette ligne dans la consommation du combustible. Non-seulement cette consommation par tonne kilométrique a baissé au fur et à mesure de l'augmentation de la charge du train moyen, mais encore la consommation par kilomètre de train, ainsi que le prouve le tableau suivant, qui donne les charges moyennes et les consommations correspondantes :

ANNÉES.	CHARGES DES TRAINS MOYENS.	CONSOMMATION DE COMBUSTIBLES.	
		Par kilomètre de train.	Par tonne kilométrique.
	t.	k.	k.
1872	122.2	13.4	0 10942
1873	148.3	13.7	0.09234
1874	166.95	15.3	0.09159
1875	163.0	15.8	0.09687
1876	170.2	15.0	0.08826
1877	174.75	14.6	0.08342

Les dépenses de graissage ont varié, comme pour la ligne principale avec le prix des huiles.

Les dépenses d'alimentation ont été constamment en baissant avec le développement du trafic et la meilleure organisation du service des eaux.

Les dépenses de réparations des machines ont suivi les variations de celles du Tyrol et profité comme ces dernières du plus bas prix des matières et des bonnes dispositions prises pour exécuter les travaux à l'atelier d'Innsbruck.

Les frais généraux ont été en diminuant au fur et à mesure du développement du trafic.

Quant aux dépenses de réparation des voitures et wagons, elles sont, comme nous l'avons dit précédemment, proportionnelles aux parcours des véhicules sur chaque ligne, c'est-à-dire qu'elles ont varié avec ce parcours et ont profité du prix plus bas des matières dans ces deux dernières années.

Enfin les dépenses de graissage de voitures et wagons ont diminué comme sur toutes les autres lignes du réseau.

En résumé la dépense totale par kilomètre de train en 1877 a atteint un minimum inconnu jusque-là, et est même inférieure au résultat correspondant de la ligne principale de Vienne à Trieste.

Pour le prix de revient de la tonne kilométrique, la ligne du Pusterthal reste classée entre la ligne de Vienne à Trieste et celle du Tyrol, comme précédemment.

Ligne de St-Peter à Fiume.

Cette ligne plus stratégique que commerciale, ouverte en août 1873, n'offre pas grand intérêt au point de vue de ses dépenses de traction.

Nous ne nous arrêterons donc pas à analyser les résultats du tableau n° 15, qui indique les variations des prix de traction par kilomètre de train et par tonne kilométrique, en regard des parcours et de la charge moyenne des trains.

Ensemble du Réseau et Résumé.

Pour résumer cette première partie de notre travail, nous donnerons dans les deux tableaux n°s 16 et 17 la comparaison, pour la période de 1868 à 1877, des parcours de trains et de leurs compositions moyennes, des charges moyennes et des prix de revient correspondants par kilomètre de train et par tonne kilométrique sur les différentes lignes et sections du réseau.

Nous y joindrons un dernier tableau n° 18 donnant depuis 1867 jusqu'à 1877 les parcours de trains, les travaux en 1000 tonnes kilométriques, les dépenses totales par année et enfin les dépenses par kilomètre de train et par 1000 tonnes kilométriques sur chacune des quatre lignes du réseau ainsi que sur leur ensemble.

Ces tableaux permettent, étant donnés le profil d'une ligne à exploiter et l'importance du trafic à attendre, de déterminer par comparaison les dépenses approximatives du service du matériel et de la traction.

Ils font ressortir les excellents résultats obtenus sur les différentes lignes et sur l'ensemble du réseau pendant les deux derniers exercices 1876 et 1877, malgré la proportion toujours plus considérable des trains de voyageurs rapides et malgré l'âge toujours croissant du matériel.

En somme la proportion du parcours des trains de voyageurs qui était de 41 pour cent du parcours total en 1868 a atteint 52 pour cent sur l'ensemble du réseau en 1877.

Malgré cette augmentation, malgré l'ouverture de sections nouvelles difficiles et bien que le trafic se soit de préférence développé sur ces dernières, malgré l'augmentation des prix de main-d'œuvre depuis 1868, le prix de revient de la tonne kilométrique qui était en 1868 de 0^f^.005048 a diminué de 8.5 pour cent en 1877.

Ce dernier résultat est le plus favorable que nous ayons atteint pendant cette longue période de dix ans.

Si nous nous reportons à 1867 (Voir les tableaux n°s 2, 17 et 18) antérieurement à l'ouverture des sections très-accidentées d'Innsbruck à Botzen (125 kilomètres), de Villach à Franzensfeste (208 kilomètres), de Saint-Peter à Fiume (55 kilomètres), et alors que l'express de Vienne à Trieste ne circulait que deux fois par semaine, nous trouvons que :

1°) La charge moyenne des trains est passée de 177t.35
qu'elle était pour l'ancien réseau de la Compagnie, à 209.90
en 1877, pour le réseau total, soit . . . . 18.3 %
d'augmentation.

2°) Malgré toutes les causes d'augmentation précédemment énumérées, le prix du kilomètre de train est resté inférieur en 1877 à celui (0f.972) de 1867 et le prix de la tonne kilomét. est passé de 0f. 005486 qu'il était en 1867 pour l'ancien réseau de la Compagnie à 0. 004617 pour l'ensemble du réseau accusant de la sorte une diminution de 15.7 % après une période de dix ans.

A supposer donc que le prix de 1867 applicable à l'ancien réseau seulement, puisse servir de point de départ pour constater les économies réalisées sur le réseau actuel, bien plus difficile à exploiter, on voit que l'économie faite par la Compagnie sur l'ensemble du travail en tonnes kilométriques. . . . . 2,437.113.000t.k.
en 1877, sur tout le réseau, s'élèverait à la somme de. 2,118,000f

Mais en prenant, ce qui est plus exact et plus rationnel, pour point de départ des économies réalisées, sur l'ancien réseau de la Compagnie,
le prix de revient par tonne kilométrique de l'année 1867
sur le Tyrol le prix de revient par tonne kilomét. de 1868
sur le Pusterthal 1872
sur la ligne de Saint-Peter à Fiume 1874
on arriverait à trouver que l'économie totale réalisée en 1877 sur l'ensemble du réseau, dépasserait la somme de 4.500.000 francs, ce qui représente environ 40 pour cent de la dépense totale faite en 1877 par le service du matériel et de la traction.

Ce résultat très-favorable doit être attribué en grande partie à la meilleure utilisation de la puissance des machines et aux mesures prises pour augmenter sans cesse cette puissance, ainsi qu'aux économies réalisées sur la consommation et le prix des combustibles.

Nous aurons occasion de revenir sur ces questions dans la seconde partie de notre mémoire.

Nous signalerons, en attendant, les faits importants du service qui se sont produits pendant les deux années 1876 et 1877.

Suppression des dépôts de Pettau et de Nabresina. — Comme mesure qui a contribué à faire baisser les dépenses de la traction, nous citerons la suppression complète du dépôt de Pettau et la translation à Pragerhof, point de jonction de nos lignes de Hongrie avec la ligne principale de Vienne à Trieste, du dépôt de retour des machines des trains de marchandises venant de Hongrie.

Pour faire ce changement de service, nous avons dû attendre que les marais qui entouraient Pragerhof, et qui étaient la source de fièvres pernicieuses, fussent assainis.

Dans le même ordre d'idées, nous signalerons la concentration du service et des machines de Nabresina, point de jonction de nos lignes d'Italie dans le nouveau dépôt de Trieste.

Nouveau dépôt et nouvel atelier de Trieste. — Nous avons en effet profité du remaniement complet de la gare de Trieste pour faire construire un dépôt plus grand et mieux situé que l'ancien. Nous avons profité de la circonstance pour diminuer l'importance du petit atelier construit à proximité du dépôt et destiné à subvenir, non-seulement aux réparations les plus urgentes du matériel roulant à une des extrémités du réseau, mais encore à l'entretien de notre grande machine d'Aurésina qui fournit l'eau d'alimentation à la ville de Trieste, ainsi qu'à l'entretien des silos à grains de la gare à marchandises.

L'installation de notre nouvel atelier a eu lieu à la fin de 1877 et nous y signalerons tout spécialement l'établissement d'un appareil hydraulique perfectionné pour descendre les roues de machines.

Graissage des boudins de bandages. — Pendant la même période, nous avons poursuivi l'application de nos appareils de graissage pour les boudins des roues d'avant des machines à six et huit roues couplées, circulant dans les sections à courbes de petits rayons.

Cette disposition dont nous avons eu occasion de parler dans notre dernier compte rendu, nous a donné les meilleurs résultats et dès aujourd'hui il ne peut plus y avoir le moindre doute sur son efficacité.

C'est ainsi qu'au Semmering nous sommes passés d'un parcours de 12.500 kilomètres à un parcours de 36.000 kilomètres entre deux retournages successifs de bandages et que nous sommes enfin arrivés à tourner les bandages de machines, non plus à cause de la déformation du boudin, mais bien à cause de l'usure de la table de roulement.

Ce graissage a donc été le point de départ d'économies considérables, réalisées sur l'entretien des bandages de machines, voire même des tenders, et a contribué aux bons résultats obtenus pour les dépenses de bandages de machines et tenders à partir de 1875, époque à laquelle nous en avons commencé l'application.

Ces dépenses, ramenées au kilomètre parcouru par une machine, ont en effet été :

	EN 1875 en centimes.	EN 1876 en centimes.	EN 1877 en centimes.
Pour bandages de machines.	0,706	0,606	0,524
— de tenders. .	0,568	0,521	0,354
Ensemble.	1,274	1,127	0,878

En 1867 l'ensemble de ces dépenses pour bandages de machines et tenders atteignait 1.936 centimes par kilomètre de parcours de machine.

Le parcours moyen des bandages de machines va toujours en augmentant.

En ramenant les bandages de nos différentes machines au diamètre fictif d'un mètre, nous avons trouvé pour une période de douze ans que les parcours des bandages en acier Krupp et Bochum étaient les suivants :

DÉSIGNATION.	PARCOURS MOYEN.	PARCOURS MAXIMA.
Sous les machines à voyageurs à 4 roues couplées de 1m,580 de diamètre.	206.530k	269.078k
Sous les machines à 6 roues couplées de 1m,265 de diamètre et 2m,950 d'empatement, faisant... le service des marchandises en plaine.	171.724	298.219
— voyageurs en montagne.	82.664	129.668
Sous les machines à 8 roues couplées de 1m,068 à 1m,106 de diamètre, et 3m,438 à 3m,560 d'empatement.	85.888	175.884

Ces résultats pratiques n'ont pas besoin de commentaire.

Ejecteur Friedmann. — Nous avons également continué l'application des éjecteurs Friedmann au nettoyage des puits et à la réparation des machines fixes et des pompes d'alimentation de nos stations d'eau, situées à proximité de la voie, et nous avons fini par installer, d'une manière définitive, un éjecteur de ce genre à la station frontière d'Ala, aux lieu et place d'une pompe à main, dont le service devenait des plus onéreux et qui n'aurait pu être remplacée par une alimentation naturelle qu'au prix de très-grands sacrifices d'argent.

En fait d'applications nouvelles faites aux machines, nous citerons l'attelage de Tilp et les nouveaux injecteurs perfectionnés des systèmes Haswell et Friedmann.

Attelage Tilp. — L'attelage Tilp, destiné à réduire l'amplitude des oscillations de la machine sur le tender et du mouvement de lacet en général, nous a donné les meilleurs résultats pour nos machines à quatre roues couplées, ayant la boîte à feu en porte-à-faux et destinées à circuler dans les sections à grands alignements droits.

L'application qui en a été faite, tant sur la section de Vienne à Gloggnitz que sur celles du Tyrol Nord et Sud, a donné des résultats pratiques tellement favorables qu'il sera de l'intérêt de la Compagnie de continuer cette application sur toutes les machines de ces sections.

Injecteurs perfectionnés. — Les injecteurs Friedmann que nous avons été les premiers à adopter en Autriche dès 1868 et qui nous ont donné toute satisfaction, présentaient dans leur ancienne disposition deux inconvénients, celui de ne pouvoir alimenter avec de l'eau à plus de 43° et celui plus grave de perdre beaucoup d'eau pendant la marche par la soupape de trop plein.

Une nouvelle disposition étudiée d'abord par M. Haswell jeune, puis reprise avec succès par M. Friedmann permet d'alimenter avec de l'eau à 60°, sans avoir à régulariser l'entrée d'eau et de fermer la soupape du trop plein pendant la marche, de façon à empêcher toute déperdition d'eau.

Nous nous sommes empressés d'adopter ces nouveaux appareils, non-seulement pour les machines nouvelles en commande, mais encore pour les remplacements successifs, au compte entretien, de nos anciennes pompes.

Il ne nous reste plus à mentionner que le matériel nouveau exécuté ou commandé en 1876 et 1877.

Machines nouvelles. — Ainsi que nous l'avons fait ressortir précédemment et dans le but de réduire le parcours moyen de nos machines à six roues, nous avons été conduits à commander dix machines à six roues couplées, destinées à faire les trains de voyageurs du Brenner et que nous nous proposons de décrire dans la troisième partie de notre mémoire.

Véhicules nouveaux. — En fait de véhicules, nous avons construit dans les ateliers de Vienne deux voitures spéciales, l'une destinée à circuler comme salon pour la suite dans les trains impériaux, l'autre à galerie latérale. Les dessins de ces voitures figureront à l'Exposition et nous y reviendrons dans la troisième partie de notre mémoire.

Nous avons pareillement construit, aux ateliers de Marbourg, treize wagons pour le transport des blessés sur le programme adopté par l'ordre souverain de Malte.

Enfin, nous rappellerons qu'à la fin de l'année 1877, nous avons été conduits pour remplacer un certain nombre de fourgons à bagages et de voitures à huit roues provenant de l'État et que nous avons vendus au profit du compte inventaire, à faire des commandes de véhicules à quatre roues.

En vue de cette commande, nous avons fait l'étude d'un type nouveau de fourgons avec waterclosets perfectionnés, puis l'étude d'un type de voitures mixtes à inter-communication pour 2e et 3e classes, destinées à circuler dans les trains de marchandises.

Tels sont à grands traits les mesures et applications nouvelles prises et faites dans ces deux dernières années.

Elles ne manqueront pas d'exercer leur bonne influence sur l'avenir ; mais, ainsi que nous le disions au commencement de ce mémoire, les deux grands faits qui ont dominé et pour ainsi dire couronné la dernière période de notre activité ont été :

1° L'introduction dans tous les cas de grandes réparations et de renouvellement du matériel, de toutes les modifications et améliorations prescrites par les nouvelles ordonnances ministérielles ainsi que par le nouveau règlement technique de l'union des chemins de fer allemands et autrichiens.

2° L'étude, l'introduction et le perfectionnement des freins continus. Nous allons en parler pour terminer cette première partie de notre travail.

Modifications et améliorations introduites dans le matériel. — Nous avons fait ressortir, dans les analyses auxquelles nous nous sommes livrés précédemment, que les seules augmentations notables dans quelques sous-détails des prix de revient par kilomètre de train en 1876 et 1877 sur les prix correspondants au début de l'exploitation de quelques sections de notre réseau, n'existaient que pour les chapitres relatifs à l'entretien du matériel machines et véhicules.

C'est qu'en effet, nous n'avons rien négligé pour, non-seulement maintenir constamment ce matériel en bon état de service, mais nous avons profité de la baisse des prix des matières dans les deux dernières années pour presser l'introduction de toutes les modifications et améliorations qui ont été prescrites, soit par les ordonnances ministérielles, soit par le règlement technique de l'union des chemins de fer allemands.

Les ordonnances ministérielles avaient surtout rapport à l'application de la nouvelle loi sur les chaudières et à l'appropriation de nos wagons couverts aux transports des blessés.

C'est ainsi que nous fûmes conduits à commencer le remplacement par des plateaux en fer forgé, de nos anciens dômes en fonte de chaudières et à modifier successivement nos manomètres et appareils de sûreté, pour les mettre d'accord avec la nouvelle loi.

C'est pareillement ainsi que nous fûmes amenés, au fur et à mesure de la reconstruction de nos wagons couverts, à approprier au transport des blessés et malades militaires, une grande partie du contingent de 5 pour cent des wagons couverts que les différentes compagnies de chemins de fer se sont engagées à modifier, au fur et à mesure des renouvellements du matériel, conformément aux plans arrêtés d'accord avec le ministère de la guerre.

Le nouveau règlement technique de l'union des chemins de fer allemands et autrichiens, arrêté en juin 1876 à Constance, ne faisait que compléter les règlements précédents et les modifications qu'ils prescrivaient s'appliquaient plutôt aux véhicules qu'aux machines, de telle sorte que ce sont surtout les types et la construction de nos voitures et wagons que nous avons été conduits à modifier en 1876 et 1877.

Cependant, comme un grand nombre de ces modifications se confondent, à quelques dimensions près, avec celles que nous appliquions déjà précédemment à la reconstruction de nos véhicules et que nous traiterons dans la seconde partie de ce mémoire des progrès du matériel depuis dix ans, nous craindrions des répétitions, en entrant maintenant dans les détails.

Nous nous contenterons donc d'insister sur ce fait que nous avons profité des prix bas des matières, en 1876 et 1877, pour hâter autant que possible la transformation du matériel ancien et presser l'application des améliorations reconnues utiles pendant les deux dernières années, voire même prescrites par nous dans les années précédentes.

Enfin nous rappellerons qu'à la suite de la réunion des délégués techniques de l'union à Constance, nous fûmes conduits à faire faire, tant à Munich qu'à l'école polytechnique de Vienne, sous la haute et obligeante direction de M. le professeur Jenny, un grand nombre d'essais de nos différentes qualités de fer et d'acier pour arriver, d'accord avec l'union des chemins de fer allemands et autrichiens, à une classification méthodique de ces métaux.

Cette étude, qui se poursuit encore, ne manquera pas de conduire à des résultats fort intéressants, qui serviront de bases aux coefficients de travail exigés pour le fer et l'acier, dans les différents cahiers de charges des grandes compagnies de chemins de fer.

Etude, introduction et perfectionnement des freins continus. — La nécessité d'avoir un bon système de freins sur un réseau aussi accidenté que celui des chemins de fer du sud de l'Autriche a été de tout temps l'objet de nos préoccupations.

Dès notre prise de service, nous introduisions, pour l'exploitation du Brenner, le frein à contre-vapeur Lechâtelier, qui était alors à juste titre considéré comme l'un des moyens les plus puissants pour remplacer le frein à main.

Depuis lors, ce système fut appliqué peu à peu à toutes nos machines de montagne et à la plupart de celles des sections moins accidentées, et il est de fait, qu'il nous a rendu, jusqu'à présent, d'excellents services; mais ce frein, qui présente d'incontestables avantages pour les lignes de montagne et en général pour les trains de marchandises marchant lentement, n'a pas une promptitude d'action suffisante pour les trains rapides.

Aussi est-ce sur l'étude des freins pour les trains de voyageurs que se sont concentrés tous les efforts d'invention faits par les ingénieurs dans ces dernières années.

Depuis des années et notamment depuis l'Exposition de 1873, nous suivions avec intérêt les essais faits, tant en Amérique qu'en Angleterre sur les freins continus.

Nous-mêmes nous faisions en 1873 l'application du frein électrique de Chapin qui n'était qu'une variété du frein électrique Achard, précédemment expérimenté sur le Semmering par notre prédécesseur.

Le frein de Westinghouse dont nous recevions tous les détails de construction et d'application pendant l'exposition universelle de Philadelphie me paraissait, dès cette époque, très-compliqué et peu susceptible d'une application au Semmering, où la pression à exercer sur les sabots de frein doit varier pour ainsi dire à chaque instant avec les déclivités du chemin.

Un voyage d'essai auquel je fus convié par M. Bandérali, sur le chemin de fer du Nord, au commencement d'octobre 1876, me permit de reconnaître que le frein pneumatique était suffisamment simple et pratique pour qu'il y ait intérêt à en faire un essai sur notre réseau.

La nécessité de posséder enfin un frein puissant et sûr me paraissait d'ailleurs tellement urgente, que je n'hésitai pas à proposer un essai immédiat; car, vu les difficultés de nos lignes, il nous appartenait de prendre l'initiative de la première application en Autriche des freins continus, et, après entente avec la Compagnie du frein pneumatique de Smith, je pressai l'application de ce frein dans nos ateliers de Vienne sur un train d'essai qui traversa le Semmering le 29 novembre 1876, six semaines à peine après ma visite au chemin de fer du Nord.

Cet essai, fait en présence des représentants les plus autorisés de l'école polytechnique de Vienne, ainsi que des collègues et ingénieurs les plus compétents, délégués par les différentes compagnies de chemins de fer autrichiens, nous donna dès le début les résultats les plus satisfaisants,

La descente des rampes de 25 millimètres avec un système de frein qui était expérimenté pour la première fois au Semmering, fut surtout l'objet de la satisfaction générale; on vit dès le premier voyage que le le frein pneumatique se prêtait admirablement à varier la pression continue à exercer sur les sabots pendant la descente, suivant les circonstances qui peuvent agir sur le fonctionnement des freins, telles que le profil de la voie en courbe ou en ligne droite, l'état des rails, le degré d'humidité de l'air, etc.

Une disposition spéciale introduite après coup, permet au mécanicien qui arrive au haut de la pente d'ouvrir la valve de vapeur de la quantité qu'il juge convenable et de varier cette ouverture à son gré. Une pratique de quelques moments suffit à lui apprendre la manœuvre de cette valve, ainsi que celle de la valve de rentrée d'air, et la disposition est tellement simple et sûre qu'un mécanicien, même inexpérimenté et ne connaissant pas le profil de la ligne, serait dans le cas de conduire, dès le premier jour, un train de voyageurs à la descente du Semmering.

Depuis fin 1876, un certain nombre de machines et de véhicules furent munis du frein pneumatique, et la Compagnie entreprit l'étude complète de la question des freins, en faisant circuler un train par jour et dans chaque sens entre Vienne et Graz.

Nous avons de la sorte fait entrer, dès 1876, dans la pratique des chemins de fer autrichiens l'application des freins continus. Bien plus M. Hardy, le chef expérimenté de nos ateliers de Vienne, introduisait dès le mois de janvier 1877 dans le système du frein pneumatique, un perfectionnement très-heureux, en remplaçant les sacs compressibles en caoutchouc du frein Smith par des cuvettes métalliques, laissant entre elles un libre jeu à un diaphragme en cuir qui s'approche du fond concave de la cuvette supérieure où se produit le vide. La cuvette inférieure également en fonte est placée au-dessous de la membrane flexible et destinée à la préserver contre les morceaux de combustible incandescents et les pierres de la voie.

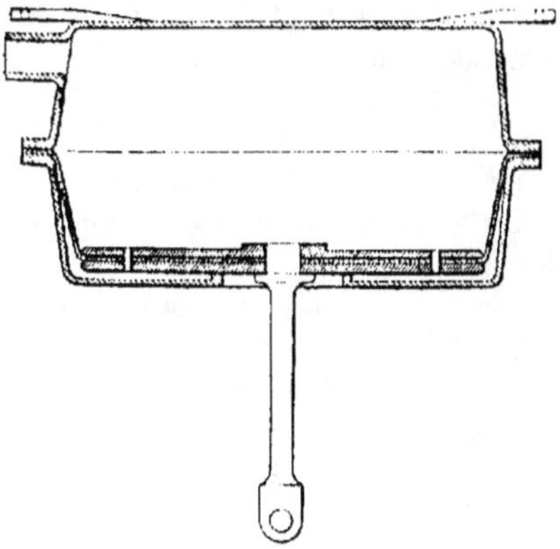

C'est au centre de la membrane, armée en ce point de plateaux en tôle mince, que se trouve fixée la tige qui agit directement sur le levier de l'arbre du frein.

Un simple coup d'œil sur le croquis ci-joint fait d'ailleurs comprendre cette disposition. Elle est bien moins sujette à réparation et à usure que les cylindres en caoutchouc, qui coûtent plus cher, se percent facilement et perdent bientôt leur élasticité, et elle présente le grand avantage de réduire l'espace dans lequel se fait le vide relatif, c'est-à-dire qu'elle permet une action bien plus rapide et plus efficace des freins. Enfin ces cuvettes se placent sous les véhicules avec beaucoup plus de facilité que les sacs en caoutchouc.

M. Hardy ignorait qu'une disposition analogue, dans laquelle le diaphragme en cuir était toutefois remplacé par une membrane en caoutchouc, avait été proposée par deux ingénieurs français MM. Dutremblay et Martin, au chemin de fer de l'Est dès 1860; il est vrai d'ajouter que l'essai fait alors n'avait pas réussi, probablement à cause de la force perdue à tendre la membrane en caoutchouc, tandis que la disposition Hardy nous donne toute satisfaction depuis un an qu'elle fonctionne sur nos lignes; voire même que nous avons été conduits à l'adopter pour le remplacement de quelques cylindres Smith devenus défectueux dans un délai très-court.

Le personnel y a pris confiance et donne la préférence au nouveau frein sur le frein Lechâtelier et surtout sur le frein ordinaire.

Mon intention était donc depuis longtemps d'en étendre l'emploi sur toutes nos lignes et notamment de l'appliquer à nos trains express, dont le nombre et la vitesse vont toujours croissant; mais avant de faire cette proposition à la Compagnie, j'ai cru de mon devoir d'aller étudier sur place, en Angleterre, les différents systèmes de frein appliqués, d'en comparer les avantages et les inconvénients, ainsi que les frais d'installation et de réparation, afin de m'assurer que nous ne faisions pas fausse route.

Après un voyage de trois semaines, pendant lequel j'ai eu occasion d'examiner un grand nombre de systèmes de freins, tels que, pour ne citer que les principaux, le frein Clark, perfectionné par Webb, le frein automatique à compression d'air de Westinghouse, le frein pneumatique de Smith, le frein à vide continu de Sanders, le frein hydraulique de Barker, etc., etc., et après avoir pris l'avis des Ingénieurs compétents de la plupart des grandes Compagnies anglaises, je suis revenu avec la conviction :

1°) Que les freins continus présentent des avantages tels, que leur application, déjà très-étendue, finira par s'imposer d'une façon absolue dans l'exploitation des chemins de fer.

2°) Que de tous ces systèmes de freins, le plus simple et le plus économique, celui qui répond le mieux aux exigences ordinaires d'une exploitation importante et qui se prête le plus facilement à la descente régulière des grandes et longues pentes à déclivité variable, est le frein pneumatique.

Je m'empresse d'ajouter que le frein pneumatique, tel qu'il a été combiné par l'ingénieur américain Smith, est essentiellement susceptible de perfectionnement. Ainsi qu'il ressort de notre pratique depuis plus d'un an, les sacs et tuyaux de raccords en caoutchouc sont soumis à une usure très-rapide et à des réparations fréquentes. Sous ce rapport, nous pouvons donner le meilleur témoignage de progrès aux modifications proposées par M. Hardy, et que nous expérimentons depuis plus d'un an.

Le remplacement des sacs par des cuvettes métalliques, comprenant un diaphragme en cuir, armé de tôles, et faisant office de piston, est un perfectionnement des plus importants et nous ne doutons pas qu'avec le temps, il ne soit adopté par tous les chemins de fer qui font usage du frein pneumatique.

De plus dans le système proposé par M. Hardy deux conduites, tout à fait séparées, mettent l'éjecteur en relation, l'une avec les cylindres à vide de la machine et du tender seulement, l'autre avec les cylindres à vide des véhicules.

Il en résulte une action beaucoup plus rapide et plus sûre des freins de la machine et du tender, qui agissent alors même qu'il existerait une solution de continuité dans la conduite unique s'étendant sous tout le train, une diminution des dépenses d'installation pour les véhicules et par-dessus tout une réduction à moitié du nombre des raccords en caoutchouc entre les véhicules du train.

Il y a, il est vrai, à vaincre une petite difficulté pour le joint des tuyaux de raccordement, mais c'est là un détail de construction qui trouvera bientôt une solution satisfaisante, si la question n'est déjà résolue par le joint moitié mâle et moitié femelle que propose M. Hardy. (Voir croquis ci-contre.)

Nous ajouterons qu'au point de vue de l'économie de l'installation et d'entretien, la disposition Hardy nous a paru préférable à toutes les autres.

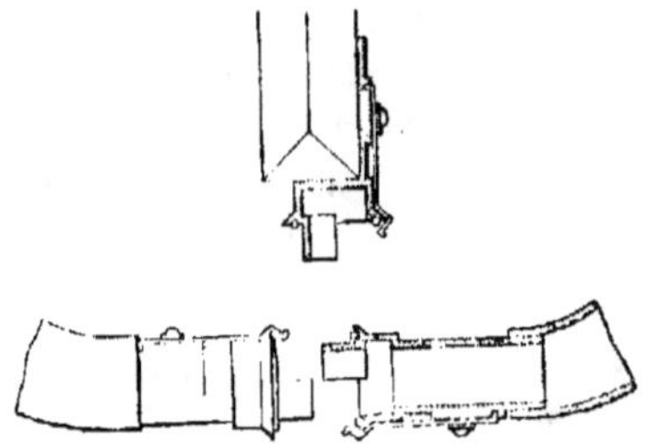

Nous n'avons donc plus hésité, en revenant d'Angleterre à proposer à notre Compagnie l'application du frein pneumatique, système Hardy, à nos trains express de la ligne principale de Vienne et à Trieste, il nous a été accordé au mois de septembre dernier un crédit de 40,000 francs pour l'application de cette disposition à 18 machines et 50 véhicules dont 25 à frein.

Cette application se fait en ce moment dans nos ateliers et sera terminée pour le printemps prochain[1].

Moyennant une dépense relativement minime, la Compagnie aura ainsi atteint un résultat moral considérable, en faisant de nouveaux efforts pour augmenter la sécurité de ses trains. Elle pourra d'ailleurs avec le temps rentrer, tout au moins dans une partie de la dépense faite, par la réduction du personnel des conducteurs et garde-freins, ainsi que par l'usure plus régulière des bandages et des sabots de frein.

En ce qui concerne ces derniers, nous avons reconnu, par des essais répétés sur différentes sections de notre réseau avec les freins ordinaires à mains, que les sabots en fonte sont préférables, au double point de vue de l'économie et de la conservation des bandages, aux sabots en bois qui ont l'inconvénient de caler les roues, aux sabots en fer doux dont le peu d'homogénéité ruine parfois les bandages, et enfin aux sabots en fonte d'acier (Stahlguss), qui ont été très à la mode en Allemagne et en Autriche dans ces dernières années.

Nous avons, en conséquence, adopté depuis 1876 les sabots de frein en

1. Les trains express de la ligne principale de Vienne à Trieste fonctionnent régulièrement avec le frein pneumatique depuis le 1er avril dernier.

fonte au bois pour machines, tenders et véhicules, et remplacé par des sabots de ce genre ceux en bois et en fer doux, au fur et à mesure de leur usure.

Notre expérience est encore trop récente pour pouvoir donner dès aujourd'hui des résultats précis ; mais il est positif cependant que nos bandages sont bien mieux conservés par les sabots en fonte et que ces derniers, qui nous sont garantis deux ans contre toute rupture, s'usent avec la plus grande régularité, de façon qu'ils ne provoquent qu'accidentellement le calage des roues et n'incommodent pas le voyageur par les trépidations qui en résultent.

Un dessin d'application du frein pneumatique à notre nouveau fourgon à bagages figurera à l'Exposition universelle et permettra de se rendre bien compte des dispositions adoptées.

Il en sera de même du dessin d'application de ce système de frein à la machine.

On pourra, en outre, en étudier les détails sur les divers organes principaux qui seront également exposés par les soins de la Compagnie ainsi que sur notre nouvelle machine à six roues couplées pour trains de voyageurs au Brenner, que la fabrique de locomotives de Florisdorf se propose d'envoyer à l'Exposition.

Avant de terminer ce chapitre, nous ajouterons qu'aux yeux de beaucoup d'autorités compétentes, il serait indispensable de rendre automatique l'action des freins continus ; ce serait certainement une condition très-désirable et sans laquelle il est très-difficile de déclarer un système de frein parfait; mais il en résulte généralement une complication telle, que ce serait acheter au prix de bien grands sacrifices, un avantage dont on ne profiterait que très-rarement.

Rien n'est plus rare en effet qu'une rupture d'attelage, un déraillement et en général un accident de route d'une certaine importance, provenant des véhicules, dans les trains de voyageurs.

Il en serait autrement pour les trains de marchandises qu'on ne peut toujours pousser en queue comme nous le faisons sur nos plus grandes rampes seulement. Là un frein automatique serait très-désirable, aussi bien à la montée qu'à la descente, et nous ne saurions à ce sujet appeler trop l'attention des ingénieurs sur le système très-remarquable et très-judicieusement combiné de frein, inventé et essayé en 1877 sur la Nordbahn par notre collègue Becker, Ingénieur en chef du matériel et de la traction de cette compagnie.

Il ne nous appartient pas de décrire ce système qui emprunte comme celui de Héberlein son action au mouvement même du train, et nous nous contenterons de mentionner que nous avons eu occasion d'en éprouver l'efficacité dans un essai fait à la Nordbahn avec un train de voyageurs à grande vitesse.

Quant à nous, ne pouvant penser à appliquer le frein pneumatique pour les wagons à marchandises, nous nous sommes contentés, dans le but de faire des essais, à l'appliquer à une de nos grosses machines à huit roues couplées du Semmering.

Une de ces machines pèse avec son tender environ 75 tonnes qui représentent largement le quart du poids total maximum d'un train de marchandises du Semmering.

Aux termes du règlement sur le service des freins, cette proportion de train freiné est suffisante sur nos grandes pentes de 25 millimètres et de fait la machine suffit pour retenir tout le train; néanmoins nous considérons qu'il ne serait pas prudent de se passer des freins des véhicules, en s'en fiant uniquement à celui de la machine, et si dans l'avenir on veut appliquer les freins continus aux trains de marchandises, il y aurait lieu, selon nous, de le faire par groupe de wagons.

DEUXIÈME PARTIE

CONSIDÉRATIONS SUR L'ENSEMBLE DU SERVICE, DU MATÉRIEL ET DE LA TRACTION, ET SUR LES PROGRÈS RÉALISÉS PENDANT LA PÉRIODE DÉCENNALE DE 1868 A 1877

D'une manière générale, on peut dire que de grands progrès ont été réalisés dans la construction et l'exploitation des chemins de fer autrichiens dans l'espace des dix dernières années et affirmer qu'aucun service n'a plus participé à ces progrès que celui du matériel et de la traction.

C'est en effet à ce dernier qu'incombait la tâche de répondre aux exigences toujours croissantes de son public, tant au point de vue du comfort qu'à celui de la vitesse, de la régularité et de la sécurité de l'exploitation.

Cette tâche était d'autant plus difficile qu'il s'agissait d'une part de réaliser ces progrès, en transformant un matériel ancien, ne répondant plus aux besoins nouveaux et dont l'entretien devenait avec l'âge de plus en plus onéreux, et que d'autre part il fallait atteindre le but, sans augmenter, dans la mesure du possible, les frais d'exploitation, malgré l'addition de lignes complémentaires à profils toujours de plus en plus difficiles.

On peut dire que le service du matériel et de la traction a répondu à ce qu'on pouvait en attendre.

En comparant en effet les résultats de 1868 à 1876 à ceux correspondants des autres compagnies autrichiennes, plus favorisées sous le rapport du profil et du prix des combustibles, nous pouvons constater que nous ne sommes pas restés en arrière. La comparaison avec les chemins de fer français ne nous est pas moins favorable, surtout si on tient compte de la perte de change du florin qui n'a pas été moindre de 17 pour cent en 1875 et 21 1/2 pour cent en 1877 et qui a même atteint 25 pour cent en 1870 et 23 pour cent en 1871, tandis que dans tous nos comptes rendus nos dépenses ont toujours été traduites en francs à raison de 2 fr. 50 par florin.

Jeter un regard rétrospectif sur les mesures qui ont le plus coopéré à atteindre ces résultats pendant la période de 1868 à 1877, et rappeler les progrès réalisés depuis dix ans, tel est le but de la seconde partie de cette note.

Mesures qui ont le plus coopéré aux bons résultats du service. — Dans la première partie de ce mémoire, nous avons fait ressortir que les bons résultats acquis tenaient surtout à deux causes principales :

1°) La meilleure utilisation de la puissance des machines et le développement constant de cette puissance;

2°) La baisse successive obtenue dans le prix des combustibles et les progrès réalisés dans leur consommation par rapport à l'unité du travail.

Meilleure utilisation de la puissance des machines. — Dès la fin de 1867, la compagnie décida en principe que l'unité de travail du service du matériel et de la traction devait être, non plus le kilomètre de train, mais, ce qui était plus rationnel, surtout pour des lignes accidentées, la tonne kilométrique de charge brute.

En conséquence, les ordres de service existants furent transformés et nous dûmes organiser le contrôle, la statistique et la comptabilité en vue du nouvel ordre de choses.

A l'occasion de chaque changement d'horaire, nous intervînmes dans le calcul des nouvelles marches de trains, de façon à mettre les vitesses et les charges en rapport avec les accidents du profil des différentes lignes.

La comparaison des anciennes marches de trains avec les plus récentes permet de constater les progrès réalisés au point de vue de la charge; il suffit de dire que, dans certaines sections, le chargement maximum admis qui était pour certain train de marchandises de 350 tonnes en 1867 se trouve aujourd'hui porté à 600 tonnes.

Quant aux résultats obtenus, on a pu en juger par les nombreux tableaux de notre compte rendu, que nous résumerons dans le tableau suivant :

CHARGEMENTS BRUTS MOYENS DES TRAINS

sur l'ensemble du réseau dans la période de 1867 à 1877.

ANNÉES.	CHARGEMENTS BRUTS MOYENS EN TONNES.				OBSERVATIONS.
	DES TRAINS DE VOYAGEURS.	DES TRAINS MIXTES.	DES TRAINS DE MARCHANDISES.	DE L'ENSEMBLE DES TRAINS.	
1867	86.0	152.0	226.0	177.3	L'année 1867 ne comprend que l'ancien réseau seul.
1868	85.9	152.1	231.1	181.7	Ancien réseau et Tyrol.
1869	88.8	171.7	256.8	192.2	
1870	88.5	172.3	271.8	189.7	Ancien réseau, Tyrol et Pusterthal.
1871	92.1	182.8	278.3	200.5	
1872	92.0	193.9	284.1	197.7	
1873	97.0	192.5	289.2	199.6	
1874	91.4	184.8	289.0	196.7	Ensemble du réseau comprenant l'ancien réseau et les lignes du Tyrol, du Pusterhal et de Saint-Peter à Fiume.
1875	89.6	192.3	288.4	198.3	
1876	93.5	194.1	291.0	200.1	
1877	90.6	196.9	304.7	209.9	
Augmentation en °/₀ des charges moyennes de 1877 sur celles correspondantes de 1867.....	5.3 °/₀	29.5 °/₀	34.8 °/₀	18.3 °/₀	

Augmentation de la puissance des machines. — Le développement de la puissance des machines a évidemment contribué dans une large proportion aux résultats du tableau précédent.

Nous nous sommes, en effet, dès le début, appliqués à accroître successivement cette puissance, soit dans les reconstructions faites dans nos grands ateliers de Vienne et de Marbourg des anciennes machines tenders du Semmering et du Karst; (54 sur 66 machines sont aujourd'hui reconstruites) : soit dans les commandes de machines faites depuis 1867 en vue de lignes à ouvrir, ou pour remplacer les machines devenues trop faibles et vendues au profit du compte inventaire et à la charge du compte entretien pour la différence entre le prix d'inventaire et celui de vente de la vieille machine.

Le nombre des vieilles machines vendues, s'élève à 49 dans la période de 1868 à 1877 et celui des machines neuves commandées, atteint 223, à savoir :

62	machines	à 4	roues	couplées
86	—	6	—	
75	—	8	—	

Nous ne reviendrons pas ici sur les détails du programme de construction de ces nouvelles machines que nous avons eu occasion d'exposer dans nos comptes rendus précédents et notamment dans celui de 1873, fait en vue de l'Exposition universelle de Vienne.

Nous nous bornerons à comparer dans le tableau suivant les données principales, des anciennes machines avec les nouvelles commandées au dehors ou reconstruites dans les ateliers.

TABLEAU COMPARATIF DES CONDITIONS PRINCIPALES D'ÉTABLISSEMENT DES LOCOMOTIVES DE LA COMPAGNIE.

	DÉSIGNATION.	Jusque 1867.				Pendant la période de 1868 à 1877.			
		POIDS adhérent en tonnes.	SURFACE de grille. (En mètres carrés.)	SURFACE de chauffe du foyer. (En mètres carrés.)	PRESSION de la chaudière. (En atmosphères effectives.)	POIDS adhérent en tonnes.	SURFACE de grille. (En mètres carrés.)	SURFACE de chauffe du foyer. (En mètres carrés.)	PRESSION de la chaudière. (En atmosphères effectives.)
MACHINES À 4 ROUES COUPLÉES.	Pour sections à alignements droits. Série 18.	22,50	1,38	6,80	6,5	21,25	1,66	7,00	9,3
	Pour sections en courbes de petits rayons............ Série 19.	23,25	1,38	6,80	7,0	24,40	1,66	7,00	9,3
	Pour trains express.... Série 20.	»	»	»	»	23,60	1,64	7,90	10,3
MACHINES À 6 ROUES COUPLÉES.	Machines tenders reconstruites dans les ateliers de Vienne pour les trains de voyageurs du Semmering.............. Série 26.	31,30	1,27	7,69	8,0	39,00	1,56	9,15	8,2
	Machines-tenders du Karst reconstruites dans les ateliers de Marbourg.. Séries 27.	37,75	1,11	8,24	6,5	37,50	1,59	8,10	7,2 9,3
	Séries 28.	35,85	1,13	8,02	6,5	37,50	1,59	8,10	9,3
	Machines à marchandises, système Hall sur tout le réseau. Série 29.	34,75	1,18	7,61	7,0	35,00	1,59	8,50	9,3
	Nouvelles machines à châssis intérieurs.. Séries 32a.	»	»	»	»	38,80	1,70	8,70	9,3
	Séries 32b.	»	»	»	»	41,00	1,70	8,70	10,0
MACHINES À 8 ROUES COUPLÉES.	Anciennes machines-tenders du Semmering reconstruites à Vienne. Série 33.	45,10	1,42	7,00	8,0	47,50	1,77	9,30	8,2
	Pour trains de marchandises du Brenner, système Hall. Série 34.	47,30	1,84	9,50	8,2	»	»	»	»
	Pour trains de marchandises sur toutes les sections des lignes de montagne, Semmering, Karst, Brenner, Pusterthal............ Série 35.	»	»	»	»	50,00 50,75	2,16	10,70	9,3

Il n'a d'ailleurs été rien négligé pour activer le travail de transformation; les statistiques établissent qu'en dehors des grandes réparations de chaudières il a été reconstruit pendant les 5 dernières années dans les ateliers de 50 à 54 foyers par an, ce qui semblerait correspondre à une durée moyenne de 10 à 11 ans.

Progrès réalisés dans la consommation et le prix des combustibles. — L'agrandissement constant des foyers et des grilles de nos machines, ainsi que la pratique acquise par le personnel, devaient nécessairement conduire à une réduction notable dans la consommation du combustible.

Les résultats obtenus et que nous avons indiqués dans la première partie de notre mémoire, permettent en effet de constater pour 1877 des réductions de 18 pour cent sur 1867, pour la consommation moyenne de la tonne kilométrique de charge brute sur l'ancien réseau de la Cie, de 28 pour cent sur la consommation correspondante au Tyrol en 1868, et de 23.7 pour cent sur la consommation correspondante au Pusterthal en 1872.

On a d'ailleurs contribué à ces bons résultats en intéressant directement aux économies de combustible tout le personnel de traction, à partir du chauffeur et du mécanicien jusqu'aux ingénieurs et inspecteurs de traction, et en réduisant peu à peu les allocations par tonne kilométrique, pour chaque espèce de train, pour chaque section du réseau et pour chaque espèce de combustible.

Nous nous étions d'ailleurs exclusivement réservés la discussion des prix et conditions de livraison des combustibles, et c'est en mettant les différents fournisseurs en concurrence et en favorisant le développement des mines le plus favorablement situées pour la Compagnie, au triple point de vue de la qualité, de la distance de transport et du prix, que nous sommes arrivés, en profitant des circonstances, à faire baisser en 1877 à 18 fr. 21 c. le prix moyen de l'équivalent d'une tonne de coke de Witkowitz, consommée sur l'ancien réseau de la Compagnie, et à 24 fr. 21 c. le prix moyen correspondant du combustible consommé au Tyrol.

Les prix correspondants étaient en 1867 pour la ligne principale de 21 fr. 725 d'où, économie de 16 %; et en 1868 pour le Tyrol de 42 fr. 22 d'où une économie de 43 % en 1877.

Malgré ces réductions, les prix de combustibles sont encore élevés relativement à ceux d'autres grandes Compagnies qui ont leurs propres mines ou qui aboutissent à des bassins houillers importants.

Comme on le sait, la Compagnie du Sud de l'Autriche en est réduite à ne brûler exclusivement que des lignites dont la puissance calorifique varie entre 47 et 70 pour cent de la puissance calorifique du coke de Witkowitz, considéré dès l'origine comme l'unité à laquelle tout doit être rapporté.

Ces lignites dont quelques-uns contiennent jusqu'à 24 pour cent d'eau au moment où ils sortent de la mine, se délitent facilement à l'air et finissent par tomber en pousssière, si on ne prend pas le soin de les placer à couvert ou bien de les consommer assez rapidement.

Ils ne donnent relativement que peu de cendres (de 4 à 10 pour cent).

Participation du personnel aux économies réalisées sur les dépenses de traction. — Parmi les mesures qui ont le plus contribué aux bons résultats du service de traction, nous citerons enfin la participation du personnel aux économies réalisées.

Les chefs et sous-chefs de dépôt, comme tout le personnel des mécaniciens et chauffeurs ont participé dès l'origine de la Compagnie aux économies de combustibles et de matières grasses. Il ont de plus été intéressés à l'entretien des machines par des primes basées sur les parcours exécutés depuis la sortie jusqu'à la rentrée des machines à l'atelier.

Jusqu'en 1871, on distribuait en outre des gratifications aux inspecteurs de traction, à leurs ingénieurs et aux employés les plus méritants du service central et de la ligne.

Depuis cette époque, nous fûmes assez heureux pour faire intéresser tout ce personnel directement aux économies réalisées par un système rationnel de primes, basé sur nos résultats statistiques et bien que nous ayons de tout temps disposé d'un personnel très-dévoué aux intérêts de la Compagnie, nous ne pouvons nous dissimuler que cette participation directe aux bons résultats acquis a procuré à la Compagnie de nouvelles économies, qu'elle aurait eu bien de la peine à atteindre autrement.

Progrès de toutes sortes réalisés par le service de 1868 *à* 1877. — Le programme de la seconde partie de notre mémoire nous amène à rappeler successivement les principaux progrès réalisés dans la période de 1868 à 1877.

Pour plus de clarté nous diviserons ce que nous voulons en dire en différents chapitres, savoir :

Locomotives,
Voitures,
Wagons,
Ateliers,
Service de traction,
Personnel.

Locomotives. — Dans tout ce qui précède et dans nos comptes rendus de 1873 et de 1876, nous avons eu occasion de signaler à maintes reprises les améliorations introduites peu à peu dans les machines existantes reconstruites ou réparées, ainsi que dans les locomotives nouvellement commandées, pour en augmenter la puissance et la résistance de façon à pouvoir en exiger plus de travail, tout en cherchant à réduire, pour l'avenir, les frais d'entretien.

Il nous suffira de rappeler sommairement les améliorations les plus importantes :

1°) Agrandissement constant des surfaces de grille et de chauffe des foyers et d'une manière générale renforcement de tous les organes des machines de façon à accroître leur résistance et à obtenir un plus grand poids adhérent ;

2°) Introduction pour les chaudières de tôles plus épaisses de façon à porter à 9 et 10 atmosphères la pression des chaudières dont le maximum ne dépassait pas 7 atmosphères en 1867 ;

3°) Introduction de la double rivure pour les joints de chaudières aussi bien dans le sens horizontal que dans le sens vertical ;

4°) Introduction des bouts de tubulures en cuivre rouge de façon à diminuer les fuites tout en ménageant les plaques tubulaires;

5°) Renforcement et meilleure disposition des armatures du ciel de foyer et de la chaudière en général ;

6°) Augmentation des moyens de lavage des chaudières et surtout des boîtes à feu, de façon à en augmenter la durée par un bon entretien ;

7°) Substitution d'injecteurs perfectionnés aux pompes et injecteurs anciens;

8°) Renforcement des châssis en général et celui des attaches des cylindres sur le châssis ;

9°) Introduction de meilleures suspensions avec emploi d'acier laminé avec une nervure centrale ;

10°) Remplacement des essieux anciens en fer par d'autres en acier de meilleure forme et de plus fortes dimensions, pour les tenders notamment ;

11°) Introduction et substitution de centres de roues en fer en remplacement de moyeux en fonte ;

12°) Perfectionnement des attelages de la machine au tender;

13°) Introduction des cheminées en fonte et des grilles dans la boîte à fumée pour remplacer les cheminées en tôle coniques à turbines, si défavorables pour le tirage;

14°) Remplacement des anciens bandages en acier pudlé des machines par des bandages en acier fondu de Krupp ou de Bochum et celui des bandages en fer des tenders par des bandages en acier fondu ou en acier Bessemer;

15°) Renforcement des manivelles dans les machines du système Hall et celui des boutons de manivelles dans toutes les catégories de machines ;

16°) Renforcement des têtes de bielles motrices et meilleure disposition de leurs clavettes de serrage dans les machines à 6 et 8 roues couplées;

17°) Renforcement de toutes les pièces du mécanisme dans toutes les machines en général et introduction de coussinets en fer avec métal antifriction à la place des coussinets en bronze dans les bielles des machines à 6 et 8 roues ;

18°) Remplacement des anciens pistons en plusieurs pièces par des pistons suédois en acier Bessemer dans toutes les catégories de machines ;

19°) Remplacement des colliers d'excentriques en bronze par des colliers en fer dans les machines à voyageurs ;

20°) Introduction de la disposition Lechâtelier dans toutes les machines à 8 roues, la plupart de celles à 6 roues et beaucoup de celles à 4 roues couplées, et substitution du changement de marche à vis au changement à levier;

21°) Introduction du frein pneumatique sur toutes les machines des trains express de Vienne-Trieste et de Vienne-Graz;

22°) Introduction des sabots de frein en fer doux, en fonte d'acier et enfin en fonte au bois pour les tenders de toutes les catégories de machines;

23°) Introduction du graissage des boudins des roues d'avant sur toutes les machines à 8 roues et une partie de celles à 6 roues couplées;

24°) Introduction du fumivore, système Thierry, sur toutes les machines à voyageurs;

25°) Introduction d'appareils de graissage perfectionnés pour toutes les catégories de machines, aussi bien pour les pistons et tiroirs que pour les régulateurs et toutes les pièces du mécanisme;

26°) Agrandissement et meilleure disposition des sablières.

Nous ne reviendrons pas sur les détails de ces dispositions perfectionnées, introduites peu à peu depuis 10 ans, dans notre matériel ancien, réparé et reconstruit dans nos ateliers, et nous nous bornerons à rappeler que nous avons successivement transformé nos 3 types de machines à 4, 6 et 8 roues couplées en vue des commandes nouvelles.

Machines à 4 roues. — C'est ainsi que nous avons créé depuis 1872 un nouveau type de locomotives à voyageurs, comprenant la boîte à feu entre 2 essieux couplés et reposant à l'avant sur un truck américain à plus grand empatement que dans nos machines anciennes.

Cette machine qui peut marcher indifféremment sur toutes les sections du réseau, à l'exception de celles à rampes de 25^{mm}., peut atteindre des vitesses de 75 et 80 kilomètres à l'heure, tout en conservant une grande sûreté de marche.

Ce nouveau type a été décrit dans notre mémoire de 1873 et figure sous le n° 20 dans l'album de nos types qui sera déposé à l'Exposition.

Machines à 6 roues. — Dans l'origine, la Compagnie avait adopté pour les machines à 6 roues le système Hall, qui a pour but de rapprocher le point d'application de la puissance de celui de la résistance, et de permettre, grâce à ses châssis extérieurs très-écartés, un grand développement transversal de la chaudière et surtout de la boîte à feu, d'où résultent l'abaissement du centre de gravité et une marche très-sûre et très-tranquille de la machine.

La pratique a fait voir que ces avantages incontestables étaient contre-balancés par des inconvénients graves, surtout dans les sections à faibles rayons de courbure, à savoir: les ruptures fréquentes des manivelles motrices suivies de celles des essieux.

Après avoir renforcé autant qu'il était possible les unes et les autres, après avoir substitué l'acier Bessemer, voire même l'acier Bessemer raffiné au four Martin, au fer principalement employé pour les manivelles comme pour les essieux, nous avons dû abandonner ce système de machine et remplacer les châssis extérieurs par des châssis intérieurs, en laissant comme dans les machines Hall tout le mouvement extérieur.

Nous avons donné à notre nouvelle machine à 6 roues beaucoup plus de puissance et d'adhérence qu'aux machines les plus récentes du système Hall.

Nous aurons occasion de revenir sur les dispositions et dimensions principales de cette machine, qui figure dans notre album des types de locomotives sous le numéro de série 32ᵃ.

Les machines exécutées sur ce type fonctionnent d'une manière satisfaisante depuis 1874, et l'État les a adoptées pour ses lignes d'Istrie.

Machines à 8 roues. — La Compagnie possédait à l'origine 26 machines série 33, à 8 roues couplées provenant d'anciennes machines tenders du Semmering, et transformées peu à peu en machines avec tenders séparés dans ses ateliers.

En 1867, elle avait fait exécuter pour le Brenner 10 nouvelles machines à 8 roues série 34, d'après le système Hall; mais les inconvénients précédemment relatés de ce système nous l'avaient fait abandonner pour les machines à 8 roues couplées dès 1870. Nous ne reviendrons pas sur la discussion du type nouveau que nous avons été conduit à étudier à cette époque, discussion qui se trouve exposée en détail dans notre compte rendu de 1873.

Toujours est-il que, de 1870 à 1873, nous avons mis en service 75 machines à 8 roues, à châssis intérieurs, et que ces machines fonctionnent à notre complète satisfaction sur le Semmering, le Karst, le Brenner et le Pusterthal, et avec grand avantage au point de vue de la traction comme à celui de l'entretien. Elles figurent dans notre album sous le numéro de série 35.

Les types principaux de nos machines adoptés en 1867, et créés depuis lors figureront également à l'Exposition universelle dans un tableau d'ensemble donnant les photographies et les conditions principales d'établissement de chaque type.

Nous ajouterons, pour en terminer avec le chapitre locomotives, que la statistique accuse pour 1877 . . . . 0.243 machines par kilomètre de chemin exploité, tandis qu'en 1867 le chiffre correspondant était 0.202

Le parcours moyen, en y comprenant les manœuvres de gare était d'environ. . . . . 23.000 kilom. en 1867 et de . . . . 25.300 » en 1877.

Il devra baisser en 1878 dès que la Compagnie aura reçu les 10 machines à 6 roues couplées en commande présentement et sur lesquelles nous aurons occasion de revenir dans la troisième partie de notre mémoire.

La moyenne des machines en réparation a été de 18.72 pour cent pour l'année 1867 et de 17.39 pour cent pour l'année 1877 après avoir atteint un maximum de 19.75 pour cent en 1871.

Au 31 décembre 1877 il restait en réparation dans les différents ateliers et dépôts. 101 machines

Voitures. — La Compagnie possédait en 1867. . . 784 voitures à 4, 6 et 8 roues.

En 1877 ce nombre atteignait. 1181
s'augmentant ainsi de. 397
presque toutes exécutées dans nos ateliers.

De ces 397 voitures toutes à 4 roues nous signalerons 3 voitures spéciales, savoir :

1 voiture salon,

1 » à galerie latérale dont les plans seront envoyés à l'Exposition,

1 » d'inspection pour la direction générale,

280 » de toutes classes à coupés ordinaires, et

114 » à circulation intérieure avec escaliers et plates-formes aux deux extrémités.

Ces dernières, dites voitures américaines à 4 roues, construites de 1871 à 1873 sont destinées à circuler dans la banlieue seulement et à y remplacer les voitures à 8 roues que la Compagnie a reprises de l'État.

Ce type qui a été goûté du public, dès le premier moment, a depuis lors été adopté par d'autres compagnies, soit pour la banlieue, soit même pour les longs parcours.

Pour les longs voyages, nous n'avons pas cru devoir sortir du système à coupés, à 4 roues et à écartement d'essieux maximum de 3^m80 que nous n'avons pas osé dépasser à cause de nos courbes de 180 mètres de rayon.

Toutes ces voitures nouvelles, de même que celles reconstruites dans les ateliers de la Compagnie, ont reçu des caisses plus spacieuses et plus hautes, et dont un certain nombre reposent sur leurs châssis par l'intermédiaire de plaques de caoutchouc, qui amortissent plus le bruit des roues que les chocs.

Depuis l'Exposition de 1867, toutes les voitures nouvelles ou reconstruites ont été exécutées avec des longerons en fer en].

Les ressorts de suspension des voitures américaines à 4 roues ont reçu, dès l'origine, une longueur de $1^m,900$ avec largeur de 80 millimètres sur 12, et ce n'est que dans les deux dernières années que nous avons porté de $1^m,400$ à $1^m,900$ la longueur et de $\frac{75}{10}$ à $\frac{80}{13}$ millimètres les dimensions transversales des ressorts de nos voitures à coupés, de façon à en rendre la suspension plus élastique.

Les longs ressorts transversaux de traction et de choc ont été, dans ces derniers temps, remplacés par des ressorts en spirale, agissant pour la traction par l'intermédiaire de barres d'attelage traversant toute la longueur de la voiture comme pour les wagons à marchandises; nous avons conservé longtemps les longs ressorts de traction et de choc séparés, à cause des courbes à petits rayons; des expériences suivies nous ont fait reconnaître que l'attelage nouveau est tout aussi sûr et beaucoup moins lourd.

La fabrication des essieux montés, commandés pour voitures a été successivement perfectionnée; les essieux en acier Bessemer au lieu de fer depuis 1869, ont reçu de meilleures formes et des diamètres croissants pour les portées de calage et les fusées; des centres de roues en fer ont remplacé les anciens centres avec moyeux en fonte.

Le calage des roues sur les essieux à la presse hydraulique s'est fait avec beaucoup plus de soin que par le passé, et la clavette qu'on avait très-longtemps maintenue à cause de l'usage fréquent des freins sur notre réseau a été supprimée.

Les crochets d'attelage et les tendeurs ont reçu des dimensions toujours croissantes, de façon à rendre impossibles les ruptures d'attelages, même sur les sections les plus accidentées et à pouvoir ainsi appliquer peu à peu le frein pneumatique aux voitures sans se préoccuper de le rendre automatique, ce qui est possible, mais dispendieux et compliqué.

Enfin, nous avons procédé à une révision de toutes les voitures à frein, et nous avons profité de la circonstance pour appliquer des sabots en fonte aux lieu et place des sabots de frein en bois ou en fer doux.

De grands progrès ont également été réalisés dans la décoration et la garniture intérieure des voitures à coupés de 1re et 2e classes.

C'est ainsi que les garnitures intérieures des voitures de 1re classe primitivement en drap gris ont été remplacées peu à peu par des garnitures en velours ponceau pour les voitures dites d'hiver, et d'autres en drap bleu pour les voitures d'été; les parois et plafonds d'abord revêtus de toile cirée ont reçu des revêtements en bois d'érable; pareillement les garnitures en cuir des voitures de 2e classe ont été remplacées par des garnitures en drap gris.

La décoration de ces 2 classes de voitures a été améliorée et les accoudoirs fixes ont été rendus mobiles.

Enfin, un grand nombre de voitures à *coupés* ont reçu des appareils de chauffage, à savoir :

L'appareil à air chaud et à ventilation de Thamm et Rothmüller pour les voitures de 1re et 2e classes et les voitures mixtes, et le poêle perfectionné de Blazicek pour les voitures de 3e classe.

Comme se reliant à cette question de chauffage, notons que nous avons toujours perfectionné la fermeture des portes et des fenêtres de nos voitures et que dans ces derniers temps nous leur avons appliqué double plancher.

Tels sont en résumé les progrès accomplis depuis 10 ans dans le matériel voitures.

Nous dirons en terminant que la statistique accuse pour
1867 . . . . 0.415 voitures
par kilomètre de chemin exploité, en 1877, ce chiffre
est monté à. . . . . 0.528 »

Le parcours moyen des voitures qui était de. . . . 30.000 kilom.
environ en 1867, et qui était monté à. . . . . 40.000 »
en 1873, s'est maintenu à environ . . . . 32.000 »
pour 1876 et 1877.

La moyenne des voitures en réparation qui a été en 1867
de. . . . . 15 %
est descendue en 1872 à. . . . . 9 %
et est remonté à. . . . . 13.2 %
en 1877.

Au 31 décembre il restait. . . . . 156 voitures
en réparation dans les différents ateliers de la Compagnie.

Wagons à marchandises. — Le parc à wagons qui était composé
de. . . . . 7552 véhicules
de toutes sortes en 1867, est monté à. . . . . 11251 »
en 1877 par l'addition successive de. . . . . 3699 wagons
dont la majeure partie a été construite dans les ateliers de la Compagnie.

Pour les wagons comme pour les voitures, nous avons adopté depuis 1868 des longerons et fer en au lieu de longerons en bois, des équarrissages plus forts pour les traverses, de façon à avoir des châssis très-solides, des essieux en acier Bessemer présentant aux portées de calage et aux fusées des diamètres plus considérables que les anciens essieux en fer, des boîtes à huiles au lieu des anciennes boîtes à graisse et des crochets d'attelage très-renforcés. Quant aux *chaînes d'attelage* elles ont été remplacées au fur et à mesure des commandes, des reconstructions et des grandes réparations par des *tendeurs à vis* de plus en plus forts.

Les ressorts de suspension anciens qui s'appliquaient sous les longerons par l'intermédiaire de butoirs, on tété remplacés par des ressorts à menottes, en acier fondu ou cémenté à nervure centrale et de 1 mètre 100 de longueur au lieu de 0 mètre 890.

Les boisseaux de tampons en fonte ont été remplacés par d'autres en fer forgé très-simples et laissant voir le ressort à spirale de choc.

Les freins ont été l'objet d'une révision spéciale, tendant à faire disparaître toutes les imperfections constatées jusqu'à ce jour et à en renforcer les différentes parties; on a profité de cette révision pour appliquer les sabots en fonte à la place des anciens sabots de bois ou de fer.

En un mot, nos efforts ont toujours tendu à renforcer les châssis, les essieux et les attelages, en laissant aux caisses des wagons toute la légèreté, compatible avec leur solidité.

Nous sommes, en effet, ennemi du poids mort, relativement encore plus nuisible sur un réseau accidenté comme le nôtre que sur des chemins de plaine, et nous avons tenu à conserver à la Compagnie la réputation établie d'avoir le matériel wagons le plus léger d'Autriche.

Nous avons eu la satisfaction de voir maintes Compagnies et même l'État adopter les mêmes principes, et après une longue expérience nous sommes à même de constater, d'après nos statistiques comparatives de 1873 à 1876, que les frais d'entretien de nos véhicules rapportés au kilomètre de parcours d'essieu ne sont pas, pour la moyenne des quatre ans, supérieurs à ceux des Compagnies nos voisines, qui disposent d'un matériel plus lourd et plus cher que le nôtre.

Si l'on tient compte de l'usure plus grande du matériel qui doit être la conséquence naturelle des profils accidentés de notre réseau, on pourra même constater une légère différence en notre faveur.

Le cadre de notre travail ne nous permet pas d'ailleurs d'entrer dans de plus amples détails au sujet des progrès réalisés depuis dix ans dans notre matériel voitures et wagons. Pour permettre de s'en rendre compte, nous exposons à Paris en 1878, l'ensemble des photographies de ce matériel et un album des nouveaux types de véhicules remaniés, en se basant sur le nouveau règlement technique de *Constance*.

Nous terminerons en faisant ressortir par analogie, avec ce que nous avons fait pour les locomotives et voitures, que le nombre de wagons qui était de quatre par kilomètre de chemin exploité en 1867 s'est élevé à 5.03 pour 1877, que le parcours moyen d'un wagon à marchandises, tant sur nos lignes que sur les lignes étrangères, était d'environ . . . . 20.800 kilom.
en 1867, de. . . . . 17.250 »
en 1876 et de . . . . 19.750 »
en 1877, et qu'enfin la moyenne du nombre des wagons en réparation a été de. . . . . 9.1 %

en 1867 est descendue à . . . . 5.1 %
en 1871 pour atteindre . . . . 7.2 %
en 1877.

Au 31 décembre 1877 il restait en réparation aux ateliers. 808 wagons.

Ateliers. — Les trois ateliers de Vienne, de Marbourg et d'Innsbruck ont reçu depuis 1867 des agrandissements considérables en rapport avec l'accroissement et l'âge du matériel.

Pour nous en rendre compte, il nous suffira de rappeler que d'après les statistiques le nombre moyen de locomotives constamment en réparation a été de. 65
celui des voitures constamment en réparation a été de. 102
celui des wagons id. id. 573
pendant l'année 1867.

Dès 1868 ces moyennes subissaient des augmentations sensibles et atteignaient dans la période de 1868 à 1877 les maxima suivants :

Locomotives	107
Voitures	184
Wagons	900

Nos ateliers de montage et de chaudronnerie, pour les machines et tenders ceux destinés à et la réparation et à la peinture des véhicules, ont dû nécessairement recevoir des agrandissements proportionnels aux augmentations des moyennes de réparations constatées depuis 1867.

Nous avons, en effet, dû agrandir ces ateliers au fur et à mesure des besoins, en commençant par les ateliers d'Innsbruck qui n'étaient installés que pour la réparation du matériel circulant sur les 74 kilomètres du Tyrol-Nord et qui ont dû, dès 1868, pourvoir à l'entretien du matériel de la ligne entière du Tyrol (306 kilomètres) y compris les 125 kilomètres du Brenner.

En attendant que cet agrandissement des ateliers fût terminé, la plus grande partie du vieux matériel qui se trouvait au Tyrol-Nord et Sud fut remplacé par un matériel neuf ou bien réparé, exigeant peu de réparation, ce qui rencontra bien des difficultés, car on ne pouvait, de 1867 à fin 1871, jusqu'à l'ouverture de la ligne du Pusterthal, communiquer avec le Tyrol que par la Bavière et l'Italie.

On procéda également à l'agrandissement des ateliers de montage des machines et véhicules de Vienne où une machine spéciale et des machines outils furent organisées pour le travail des bois qui se faisait encore à la main en 1867, et on augmenta à Marbourg les hangars pour la réparation des véhicules en faisant un parc pour la réparation des tenders.

Les forges furent développées à Vienne et à Innsbruck et on augmenta le nombre des feux à Marbourg où la place avait été prévue.

Les ateliers d'ajustage et de tournerie reçurent de l'extension à Vienne et à Innsbruck.

Enfin, les trois ateliers de Vienne, Marbourg et Innsbruck, furent largement dotés de machines-outils nouvelles, venant en partie remplacer le vieil outillage dont la Compagnie avait encore hérité de l'État.

L'inventaire de l'outillage des ateliers qui était de. 1,057,800 fr.
en 1867, s'élève à environ. . . . . 2,020,000 »
à l'heure actuelle, il a donc presque doublé en dix ans.

L'augmentation de l'outillage nécessita l'installation de chaudières nouvelles dans chacun des trois ateliers, c'était d'ailleurs le seul moyen de combattre les augmentations trop considérables du nombre des ouvriers et l'accroissement des prix de main-d'œuvre.

Le tableau suivant donne le nombre des ouvriers et les prix moyens de main-d'œuvre dans les trois ateliers, depuis 1867 jusqu'à 1877.

ANNÉES.	Atelier de Vienne.		Atelier de Marbourg.		Atelier d'Innsbruck	
	NOMBRE d'ouvriers.	SALAIRE MOYEN de la journée	NOMBRE d'ouvriers.	SALAIRE MOYEN de la journée	NOMBRE d'ouvriers.	SALAIRE MOYEN de la journée
		fr.		fr.		fr.
1867	329	3,25	715	3.12	75	2.52
1868	628	3.28	777	3.18	127	2,80
1869	676	3.55	803	3.28	129	2.78
1870	734	3.70	850	3.40	143	2.92
1871	757	4.07	878	3.48	152	3,00
1872	840	4,22	933	3,55	177	3,38
1873	965	4,48	976	3,68	179	3,45
1874	940	4.42	929	3.75	198	3,40
1875	985	4.25	999	3.75	236	3.58
1876	893	4 05	1007	3.75	208	3.55
1877	863	4 00	998	3.75	192	3,50
Soit en 10 ans une augmentation du salaire moyen de.		23 %		20 %		39 %

Il a été créé, à Vienne, un atelier spécial pour le travail des roues, une fonderie de cuivre; à Marbourg, une nouvelle chaudronnerie de cuivre, une étuve pour le séchage des bois, des hangars pour l'approvisionnement des bois, de nouvelles installations et conduites à gaz.

Enfin, on a établi tant à Vienne qu'à Marbourg, de nouvelles distributions d'eau avec bouches à incendie.

Nous rappellerons enfin la suppression des ateliers d'Alba et la réduction des petits ateliers de Murzzuschlag, de Laybach et de Trieste, construits à proximité des dépôts les plus éloignés des ateliers principaux.

Pour en terminer avec ce chapitre, nous dirons que les ateliers de Vienne, Marbourg et Innsbruck sont installés de façon à suffire pendant longtemps, non-seulement à l'entretien courant, mais encore à la reconstruction du matériel roulant de la Compagnie.

Ceux de Vienne ne sont appelés à aucune nouvelle extension, puisqu'ils sont, en ce qui concerne les machines, consacrés uniquement à la réparation de celles de la 1re division.

Par leur position et leur disposition, il sera toujours possible d'agrandir ceux de Marbourg et d'y développer de préférence la réparation et la reconstruction des wagons, en déchargeant de ce travail les ateliers de Vienne, qui seraient plutôt consacrés à la réparation et à la reconstruction des voitures de 1re et 2e classes.

Les ateliers d'Innsbruck sont situés de telle sorte qu'il serait très-difficile de les agrandir sans les transporter ailleurs, ou bien sans déplacer la gare des marchandises. Cette question ne pourra être tranchée que lors de la construction du chemin du Vorarlberg d'Innsbruck à Bregenz.

En attendant, il faudra reporter à Marbourg les réparations qui, avec le temps, ne pourront plus se faire à Innsbruck.

Service de traction. — Le service de traction, qui avait à mettre en pratique les ordres de service de la direction du matériel, qui devait aider cette dernière à introduire les réformes relatives à la nouvelle unité de travail, adoptée par la Compagnie, qui avait à lui signaler les points faibles du service et du matériel mis à sa disposition, et enfin à réaliser les économies qu'on avait en vue, a participé plus que tout autre aux progrès réalisés depuis 1867.

Afin de donner aux inspecteurs de traction plus d'initiative, et les mettre mieux à même de contrôler leur service, la direction concentra dans leurs mains, dès 1868, la comptabilité et la statistique qui se faisaient précédemment dans chaque dépôt.

Les siéges des inspections furent transportés dans les localités où se trouvaient les dépôts principaux.

Les petits dépôts furent en principe réduits, rendus dépendants des dépôts centraux ou supprimés.

Les machines de renfort, de réserve et de manœuvre, précédemment détachées, furent autant que possible remplacées par des machines de train, comprenant dans leur tournus les services spéciaux à remplir.

Par contre, les dépôts principaux reçurent une extension en rapport avec le plus grand nombre de machines à remiser, et les nouvelles remises furent exécutées sur un programme discuté d'avance entre la direction de la construction et celle du matériel et de la traction.

Sur l'initiative de cette dernière, des plaques tournantes à balancier de 14^{m}.50 de diamètre et pouvant se manœuvrer avec deux hommes et sans le secours d'aucun engrenage, furent peu à peu substituées aux plaques anciennes reconnues trop faibles.

Des appareils hydrauliques à descendre les roues, furent peu à peu installés dans les grands dépôts, de façon à permettre la visite rapide d'un essieu de machine.

Quelques machines-outils indispensables, telles que tours à main ou raboteuses et perceuses de petites dimensions, furent accordées aux dépôts importants, les plus éloignés des ateliers, pour les mettre à même de faire les réparations les plus urgentes et éviter ainsi les transports inutiles des machines à l'atelier principal.

Quelques dépôts de combustibles purent être supprimés en même temps que les machines-tenders furent retirées du service des lignes principales en attendant leur transformation en machines avec tenders séparés.

D'autres magasins furent créés ou étendus de façon à répondre aux nouveaux besoins de la traction et en ayant toujours pour principe la réduction au minimum du transport des combustibles en wagons.

Signalons encore que les anciens paniers à combustibles en osier furent remplacés peu à peu par des paniers en jonc plus durables et moins chers d'entretien.

Le service de traction qui avait à assurer le service des eaux dans 122 stations d'alimentation, dut, d'accord avec le service de l'entretien, reconstruire, agrandir et améliorer 14 de ces stations, en y comprenant l'installation à Erdberg, près le canal du Danube, d'une forte machine et d'une nouvelle pompe destinée à refouler l'eau au réservoir de la gare de Vienne, distant de plus de 3 kilomètres.

C'est ici le cas de rappeler l'installation des appareils d'épuration des eaux d'alimentation, système Bérenger, à la gare de Vienne et aux stations de Modling et Voslau de la 1re division de traction, et l'emploi fait des éjecteurs Friedman pour le nettoyage des puits et la réparation de machines et pompes d'alimentation dans certains cas donnés.

La traction prit également la plus grande part aux projets de répartition et d'installation des alimentations sur les lignes nouvelles ; un programme, rédigé d'accord avec le service de la construction, servit de guide à ce dernier, ce qui évita des dépenses inutiles, comme cela a lieu si souvent faute d'entente préalable.

Nous ne reviendrons pas sur les progrès accomplis dans l'entretien et la construction du matériel; nous noterons seulement les mesures qui ont le plus contribué à la sécurité des trains, surtout sur les lignes difficiles; nous voulons parler : 1° de la marche à contre-vapeur, système Lechâtelier ; 2° de la mesure prise de faire pousser en queue les trains de marchandises sur les grandes rampes ; 3° de l'introduction du frein continu pneumatique.

Les deux premières mesures que nous pratiquons déjà depuis fin 1867, ont évité à la Compagnie bien des accidents, et la troisième contribuera puissamment à la sécurité de l'exploitation dans l'avenir.

Toujours est-il que malgré toutes les difficultés d'exploitation de notre réseau, malgré son profil accidenté qui n'a point de similaire en Europe, malgré ses courbes de petits rayons qui tendent à provoquer des déraillements et des usures anormales, sinon des ruptures de pièces du matériel, malgré les avalanches dont on est souvent menacé au Tyrol, malgré des éboulements fréquents et inévitables sur beaucoup de points du réseau, malgré les inondations dont nous avons eu à souffrir, malgré des encombrements de neige que l'emploi de chasse-neige n'a pu toujours prévenir et qui ont fermé pendant des semaines entières les lignes de Hongrie, il nous a été donné d'exploiter pendant plus de dix ans ce réseau reconnu comme exceptionnellement difficile, sans la moindre contusion à un voyageur en dehors de son imprudence personnelle.

Ce résultat, la Compagnie le doit en partie au bon entretien de la voie et à sa surveillance activement exercée ; mais il en revient une bonne part à notre personnel de traction, dont le zèle et le dévouement aux intérêts de la Compagnie n'ont jamais fait défaut.

Il serait trop long de nommer tous les employés qui ont bien mérité de la Compagnie ; nous ne pouvons cependant, dans un rapport destiné à rendre compte de notre gestion, passer sous silence les services signalés qui ont été rendus à la Compagnie par deux de nos principaux collaborateurs : nous voulons parler de M. l'inspecteur principal Frédéric Wagner, attaché à la direction en qualité de chef de traction depuis huit ans, et de M. l'inspecteur principal Gobl, chargé depuis 1867 du service de traction du Brenner, puis de celui du Pusterthal.

Personnel. — Les progrès à faire et les économies à réaliser dans le service du matériel et de la tracion ne nous ont jamais fait perdre de vue l'amélioration du sort du personnel des employés, des mécaniciens et chauffeurs et des ouvriers placés sous nos ordres.

Personnel des employés. — Nous avons toujours eu pour principe de réduire le nombre et d'augmenter le revenu des employés, de façon à avoir autant que possible un personnel satisfait auquel nous pouvions par suite demander plus de travail.

En 1867 le personnel des employés commissionnés ou auxiliaires de tout le service du matériel et de la traction, comprenant le service central, les inspections, les ateliers et les dépôts se composait de. . . . . 161 personnes
recevant ensemble une somme annuelle de . . . . . . 485.000 fr.
soit, en moyenne.. 3.012 »
par employé pour une longueur de chemin de 1760 kilom. et un parcours de trains de. . . . . 7.788.546 »

En 1877, malgré une augmentation de . . . . . 40 p. 100
sur la longueur du chemin exploité et une augmentation de. . . . . 49 p. 100
sur le parcours des trains, l'ensemble du même personnel ne comprenait que. . . . . 192 employés,
soit. . . . . 19 p. 100
de plus qu'en 1867. L'ensemble des traitements, indemnités de logement et allocations fixes de ce personnel représentait une somme de. . . . . 697.588 fr.
soit, en moyenne 3.633 » par *employé*.

Il résulte de ces chiffres que le revenu moyen de 1877 dépasse celui de 1867 de. . . . . 20 1/2 p. 100, ce qui correspondrait à un avancement moyen de. . . 2 p. 100 environ par an ; mais par le fait cet avancement a été bien plus rapide, surtout pour les employés les plus méritants, puisque tous n'ont pu avancer également, et que les employés les plus anciens et les mieux payés ont fait la place aux autres, soit par décès, soit en passant au service de nouvelles Compagnies. Nous avons ainsi perdu 2 principaux inspecteurs, 3 inspecteurs de traction et 4 chefs de grands dépôts, pour ne citer que les employés d'un rang supérieur.

Nous ajouterons que les indemnités de logements ont été augmentées d'une façon générale pour tenir compte du renchérissement des loyers.

Mais en dehors des appointements, indemnités de logements et allocations fixes de toutes espèces, la Compagnie a chaque année fait participer le personnel des employés aux bons résultats d'exploitation obtenus, en lui distribuant des gratifications après la clôture des comptes de chaque exercice.

Quant au personnel de traction, nous avons été assez heureux pour le faire participer dès 1871 aux économies réalisées sur la moyenne des résultats des exercices précédents par la distribution de primes d'économies.

Ces primes, qui étaient réparties par les soins de la direction, se divisaient en deux parts, l'une afférente aux économies réalisées sur les quantités de combustibles consommées, et l'autre relative à l'économie réalisée sur l'ensemble de tous les frais de traction, moins ceux de combustibles par tonne kilométrique de charge brute.

Ainsi que nous avons eu occasion de le faire observer précédemment, ces primes de traction qui variaient pour l'ensemble des employés de traction entre les limites très-modérées de 15.000 et de 30.000 francs par an, ont eu une grande influence sur les économies réalisées.

Nous aurions voulu faire prendre une mesure analogue pour le personnel des ateliers, mais la Compagnie n'a pas cru pouvoir intéresser son personnel aux économies faites sur la réparation du matériel, dans la crainte que cette mesure ne nuisît au bon entretien du matériel.

Aussi s'est-on contenté, de 1867 à 1874, de faire participer les chefs d'atelier et le personnel sous leurs ordres aux économies réalisées sur les prix des constructeurs pour tout le matériel neuf exécuté dans les ateliers de la Compagnie, et s'est-on réservé depuis 1874 de reconnaître par des gratifications le soin et le zèle apportés dans l'entretien du matériel.

Personnel des mécaniciens et chauffeurs. — Le sort du personnel des machines a été amélioré en ce sens :

1°) Qu'il a été créé une catégorie spéciale de mécaniciens de 1re classe avec appointements fixes de 2.040 francs au lieu de 1.800 francs, qui est le traitement correspondant à la 1re classe.

2°) Que les cadres des deux premières classes de chauffeurs ont été augmentés, ce qui a permis la suppression de la 3e classe.

3°) Que les allocations de parcours ont été légèrement élevées, surtout en ce qui concerne les sections difficiles, et spécialement augmentées de 20 0/0 pour les mécaniciens de Vienne, afin de leur tenir compte de la cherté des logements dans la capitale.

4°) Que, par la pratique acquise, par l'augmentation de la puissance des machines et de la charge de trains, et enfin par les progrès réalisés dans la construction et l'entretien du matériel, le personnel des machines a pu se faire de meilleures primes d'économie de combustible et de bon entretien.

5°) Que la Compagnie a mis à la disposition de son personnel des pelisses et des paletots en feutre imperméable de meilleure qualité que les paletots livrés précédemment, de façon à ménager sa santé pendant la saison rigoureuse. Dans le même ordre d'idées la Compagnie a commandé toutes ses machines neuves avec abris pour le personnel et elle a rapporté des abris du même genre sur ses machines anciennes au fur et à mesure des reconstructions ou grandes réparations.

6°) Que, sur notre proposition, la Compagnie a admis que, vu ses fatigues, le personnel des machines ne pouvait servir aussi longtemps que celui des autres employés pour atteindre le maximum de la pension, et que par conséquent chaque année de service a été comptée pour une année et demie depuis 1869.

7°) Que, sur notre proposition, la Compagnie a fait construire, à proximité des grands dépôts éloignés de villes ou villages, un certain nombre de maisons à location réduite pour le personnel des machines.

Personnel des ouvriers. — Dans un des chapitres précédents nous avons pu suivre les variations des prix de main-d'œuvre dans les trois ateliers de Vienne, Marbourg et Innsbruck.

A Vienne, qui est un grand centre industriel, et où les ouvriers sont par suite plus nomades qu'à Marbourg et à Innsbruck, les salaires ont suivi les fluctuations de la place, et nous avons dû, pour fixer nos prix d'unités, procéder par comparaison avec les prix de main-d'œuvre payés par les autres grandes Compagnies de chemin de fer et par les constructeurs nos voisins, en cherchant à retenir nos bons ouvriers et à développer autant que possible le travail à la tâche.

Afin de diminuer la charge des ouvriers, des casernes à bon marché ont été créées à la station de Meidling, à 4 kilomètres de la gare de Vienne, et des facilités de tous genres leur ont été accordées pour leur parcours et celui de leurs familles et le transport de leurs vivres.

Un magasin d'approvisionnement a été créé à proximité des ateliers de Vienne.

A Innsbruck la main-d'œuvre a toujours été en croissant, mais elle est restée à peu près stationnaire depuis 1875.

A Marbourg, où la population ouvrière est beaucoup moins flottante que dans nos autres ateliers, nous avons cherché à nous attacher l'élite de notre personnel en créant à proximité de nos grands ateliers centraux une colonie ouvrière qui a pris aujourd'hui une extension considérable et qui donne asile à 327 familles représentant une population de 1.535 personnes.

Les plans d'ensemble et de détail de cet établissement que nous avons été chargé d'étudier en 1868, de concert avec le service de la construction, section d'architecture, se trouvent décrits dans un ouvrage spécial de M. Flattich, architecte en chef de la Compagnie.

Un exemplaire de cet ouvrage figurera à l'Exposition Universelle, et un autre se trouve déposé dans les archives de la Société des Ingénieurs civils.

Les ouvriers trouvent dans cette colonie, à des prix relativement modérés, des logements plus salubres et plus confortables que ceux de la ville et des faubourgs voisins.

La Compagnie n'a d'ailleurs voulu tirer aucun profit ni de son terrain, qu'elle a abandonné gratuitement, ni des constructions qu'elle a fait exécuter avec l'argent de la caisse de pension, en assurant à cette dernière une rémunération modérée et l'amortissement de son capital.

Le service du matériel et de la traction est chargé de la gestion de la colonie, de son entretien et du soin des intérêts à servir à la caisse de pension.

Les bilans établis depuis 1872 ont permis de constater un excédant annuel moyen des dépenses sur les recettes d'environ. . . 16.250 francs qui sont chaque année portés aux frais généraux du service, en augmentation des dépenses de main-d'œuvre des ateliers.

La création de cette colonie a été complétée par l'établissement d'un magasin d'approvisionnements pour les employés et ouvriers, d'un asile gratuit pour les enfants ayant moins de 6 ans, et d'une école qui passe pour l'une des mieux établies parmi les écoles libres de Styrie et qui compte aujourd'hui plus de 300 élèves.

L'instruction y est pour ainsi dire gratuite, car elle ne grève les habitants de la colonie que d'un prélèvement de 1 % sur les loyers, ce qui représente par an une somme totale de 607 francs pour toute la colonie.

De ce chef encore le service du matériel et de la traction qui est également chargé de la gestion supérieure de l'école et de l'asile a dû couvrir par une somme d'environ 6,250 francs par an à porter aux frais généraux l'excédant des dépenses sur les recettes.

Il a été en outre créé à Marbourg une bibliothèque d'environ 1,600 volumes pour les ouvriers, et nous avons encouragé l'organisation et le développement d'un orchestre instrumental, composé uniquement d'ouvriers, et qui jouit à Marbourg et dans les environs d'une réputation bien méritée.

Toutes ces institutions ont produit depuis sept ans le meilleur effet sur l'état moral et matériel de la population ouvrière de Marbourg, et nous considérons comme un véritable honneur d'avoir pu coopérer à leur création et à leur développement.

Nous aurions voulu compléter ces mesures philanthropiques par la création pour les ouvriers, d'une caisse de pension analogue à celles qui fonctionnent si utilement pour les employés et serviteurs commissionnés de la Compagnie.

Les statuts de cette nouvelle institution étaient déjà préparés et il ne nous a manqué que le temps pour la faire accepter par nos ouvriers et triompher des hésitations du premier moment.

Nous terminerons là la seconde partie de notre mémoire; nous aurions encore beaucoup à dire, mais le cadre nécessairement restreint d'un pareil travail nous engage à nous arrêter, en nous bornant à rappeler les faits principaux de notre gestion, sans entrer dans des détails qui nous conduiraient beaucoup trop loin.

TROISIÈME PARTIE

DESCRIPTION DES PHOTOGRAPHIES, DESSINS, ALBUMS ET OBJETS DEVANT FIGURER A L'EXPOSITION UNIVERSELLE DE 1878.

Nous avons eu occasion, dans les deux premières parties de notre mémoire, de signaler, au fur et à mesure qu'il était question de matériel, les photographies, dessins, albums et objets que la Compagnie des chemins du Sud de l'Autriche se propose de faire figurer à l'Exposition de 1878.

Il nous reste à en faire une description sommaire devant faciliter l'examen de l'exposition d'ailleurs très-réduite du service du matériel.

Cette exposition se compose des objets suivants :

1°) Un tableau d'ensemble présentant les photographies, ainsi que les données et dimensions principales des types de machines, commandées ou reconstruites dans les ateliers de la Compagnie de 1867 à 1878, à savoir :

a) *Locomotives à 4 roues couplées.* Série 18, pour trains de voyageurs dans les sections à grands alignements droits, construites en 1872 ;

b) *Même type.* Reconstruit dans les ateliers de la Compagnie en 1877 ;

c) *Locomotives à 4 roues coupées.* Série 19, pour les trains de voyageurs dans les sections à courbes de petits rayons, livrées en 1872-1873 ;

d) *Locomotives à 4 roues couplées.* Série 20, pour train express sur toutes les sections moins celles à grandes rampes, construites en 1873;

e) *Locomotives à 6 roues couplées*. Série 26, pour trains de voyageurs au Semmering, machines reconstruites dans les ateliers de la Compagnie à Vienne de 1867-1878;

f) *Locomotives à 6 roues couplées*. Séries 27 et 28, pour trains de marchandises sur toutes les sections de ligne principale et pour trains mixtes de la ligne de Saint-Peter à Fiume. Machines provenant d'anciennes machines tenders et reconstruites dans les ateliers de Marbourg de 1867-1878;

g) *Locomotives à 6 roues couplées*. Série 29, système Hall, pour trains de voyageurs sur le Brenner et le Pusterthal et pour trains de marchandises sur tout le réseau à l'exception des sections du Semmering et du Karst, livrées de 1867 à 1872;

h) *Locomotives à 6 roues couplées*. Série 32, à châssis intérieur. Type devant remplacer le précédent, commandé en 1874 et adopté en 1876 par l'État pour les chemins d'Istrie;

i) *Locomotives à 8 roues couplées*. Série 33, pour trains de marchandises sur le Semmering provenant d'anciennes machines tenders reconstruites dans les ateliers de Vienne ;

k) *Locomotives à 8 roues couplées*. Série 34, pour trains de marchandises sur le Brenner. Type exécuté sur le système Hall en 1867;

l) *Locomotives à 8 roues couplées*. Série 35, pour trains de marchandises sur le Semmering, le Karst, le Brenner et le Pusterthal. Type adopté en remplacement du précédent en 1870 et appliqué à 75 machines livrées de 1871-1873.

2°) Un album devant servir de complément à ce tableau et donnant les croquis, poids et dimensions principales de toutes les machines commandées ou reconstruites de 1867 à 1878;

3°) Un tableau d'ensemble présentant les photographies des voitures et wagons construits dans les ateliers de la Compagnie de 1867 à fin 1877, à savoir :

DÉSIGNATION.	TARE.	NOMBRE DE PLACES.
1) Voiture impériale pour voyages de classe..........	11.300	—
2) — d'inspection pour la direction générale.. ...	9.050	—
3) — de 1re classe. Série A, à 2 coupés et 2 demi-coupés sans frein [1].....................	7.100	18
4) — mixtes. Série AB, à $1\frac{1}{2}$ coupés de 1re classe et 2 coupés de 2e classe, avec frein [1].....	7.200	25
5) — de 2e classe. Série B, à 4 coupés avec frein [1].	7.100	32
6) — de 3e classe. Série C, à 5 coupés avec frein [1].	7.050	50
7) — de 1re classe. Série A, à intercommunication et plateaux aux deux extrémités à frein [2].	8.200	24
8) — de 2e classe. Série B, id. [2]............	7.950	32
9) — de 3e classe. Série C, id. [2]............	7.600	48
	TARE.	**Chargement MAXIMUM.**
10) Fourgon à bagages. Série D, à frein...	6.400	6.000
11) Wagon-poste. Série D, à frein................. ..	6.350	6.000
12) — écurie. Série E, reconstruit en 1877 dans les ateliers de Vienne....................	5.500	5.000
13) — à porcs. Série Fa, à frein.................	6.300	9.000
14) — couvert. Série Ga, à frein................	5.650	10.000
15) — à combustible. Série Ha, à frein......... ..	4.850	10.000
16) — plate-forme. Série Ja, à frein.	5.050	10.000
17) — pour le transport des longs bois. Série K, à frein..............................	4.700	10.000
18) — chasse-neige. Modèle exécuté dans ces dernières années............	8.000	10.000

1. Types adoptés pour longs voyages sur tout le réseau. — 2. Pour la banlieue de Vienne

4°) Un album devant servir de complément au tableau précédent et renfermant les dessins d'ensemble et quelques dessins de détails des types de voitures et wagons adoptés à partir de fin 1877 pour la commande du matériel neuf et pour la reconstruction du matériel ancien dans les ateliers de la Compagnie.

Le dessin de la charrue à neige qui complète la collection contient toutes les modifications introduites dans ces dernières années dans la construction de ces wagons spéciaux.

5°) Un dessin de voiture salon;

6°) Deux dessins d'un nouveau type de voiture à galerie latérale;

7°) Un dessin de notre nouveau type de fourgon à bagage avec application du frein pneumatique, système Hardy;

8°) Un dessin d'application du même frein à notre nouvelle machine à 6 roues couplées;

9°) Divers organes principaux du frein pneumatique système Hardy.

Ce que nous avons dit dans la seconde partie de notre mémoire sur les types de machines et de véhicules adoptés par la Compagnie, nous dispense d'entrer dans des explications qui ne seraient que des répétitions, au sujet des deux tableaux de photographies et des albums qui leur servent de complément.

On y trouvera pour les machines toutes les données principales de leur établissement et pour les véhicules tous les détails les plus complets de leur exécution.

En général, toutes les machines neuves ont été exécutées sur les plans de la Compagnie par les constructeurs du pays, tandis que les transformations ou reconstructions d'anciennes machines ont été confiées aux ateliers qui en poursuivent l'exécution encore aujourd'hui.

Les voitures et une grande partie des wagons ont de préférence été construits dans les ateliers de la Compagnie.

Deux machines et deux voitures, exécutées dans ces conditions, figuraient en 1873 à l'exposition universelle de Vienne et étaient soumises à l'appréciation du jury international qui les jugeait dignes du diplôme d'honneur.

Cette fois la Compagnie se borne en dehors des photographies et albums de ses types, à exposer quelques dessins de voitures spéciales ou d'application du frein pneumatique, en laissant à la fabrique des machines de Florisdorf le soin d'exposer une des machines à six roues couplées en cours d'exécution sur les plans de la Compagnie et destinée au Brenner.

Nous allons nous occuper de donner une description aussi succincte que possible de ces dessins ainsi que de la machine.

Dessin d'une voiture salon pour longs voyages. — La plupart des voitures salons dont dispose notre Compagnie sont généralement anciennes et de dimensions restreintes.

La voiture salon dont le dessin sera exposé est un type nouveau qui, tout en conservant, vu ses dimensions extérieures, la faculté de passer sur toutes les grandes lignes de l'Europe, présentera plus de confort pour les voyageurs et devra très-bien se prêter aux voyages des personnages de la suite dans les trains impériaux.

Cette voiture en construction dans les ateliers de la Compagnie à Vienne, présente les dimensions principales suivantes :

Longueur totale entre tampons.	8m.460
» extérieure de la caisse	7 .000
» intérieure	6 .870
Largeur extérieure	2 .700
» intérieure	2 .560
Hauteur totale de la voiture au-dessus des rails.	3 .475
» intérieure de la caisse au-dessus du plancher. . . .	2 .470
Écartement des essieux.	3 .800

On ne manquera pas de remarquer la largeur considérable de la caisse, très-favorable à une bonne disposition intérieure, mais trop grande pour permettre l'application de portes ordinaires.

Ces dernières, au nombre de quatre, placées aux quatre angles de la voiture, dont la largeur, en ces points, est réduite à deux mètres, donne entrée d'une part dans le salon proprement dit et de l'autre dans le compartiment des domestiques et des bagages.

La voiture se compose d'un salon à paroi postérieure vitrée, d'un compartiment de repos avec un lit de chaque côté, d'un cabinet de toilette avec watercloset et enfin d'un compartiment spécial pour domestiques et bagages.

Pour ces derniers il se trouve en outre une caisse rapportée sous le plancher de la voiture et placée entre les essieux.

Le grand salon dont l'ameublement se compose d'un sofa, de deux fauteuils, de quelques tabourets et d'une table pliante est le seul compartiment chauffé à l'aide d'un poêle à briquettes pouvant se charger de l'extérieur.

De doubles planchers et de doubles fenêtres qui peuvent se rapporter l'hiver et se remplacer l'été par des cadres avec toiles métalliques, rendront le chauffage très-facile.

La division intérieure de la voiture que nous avons occasion d'étudier depuis nombre d'années dans les diverses voitures breaks de la direction est celle qui semble le mieux convenir pour les longs voyages.

Quant à la décoration intérieure, elle sera très-simple, les parois et plafonds du salon et de la chambre à coucher recevront un revêtement en placage d'érable qui se conserve très-bien et très-longtemps; les meubles seront recouverts en reps vert.

Dans les autres compartiments, les parois seront en chêne jusqu'à la hauteur des fenêtres, puis revêtus comme les plafonds de toiles cirées ; les meubles, recouverts en drap gris.

Cette voiture est d'ailleurs construite d'après nos types les plus récents et en tenant compte des améliorations introduites par le dernier règlement de l'union des chemins de fer allemands.

Les ressorts de suspension ont dix lames de 80 millimètres 13, ils ont une longueur de 2 mètres et une flexibilité de 73 millimètres par tonne.

Dessins de voiture mixte à galerie latérale. — Dans ces dernières années, la tendance est au type de voiture à communication intérieure, avec escalier et plateau à une ou aux deux extrémités dans le genre de nos voitures de banlieue; mais ces voitures qui sont très-convenables pendant le jour et pour de petits trajets, sont moins commodes pour la nuit et pour les longs voyages, de plus elles ont un poids mort considérable et des porte-à-faux qui favorisent le mouvement de lacet, à grande vitesse.

Bien des études ont été faites pour obvier à ces inconvénients; les uns ont adopté un couloir central, en faisant de chaque côté de ce couloir des compartiments très-peu spacieux, mais se prêtant assez bien à une disposition de voiture-lit.

M. Heusinger von Waldegg fit le couloir latéral et divisa le reste de la voiture en compartiments ressemblant aux coupés ordinaires avec portes à coulisse sur le couloir; mais cette disposition, d'ailleurs assez bonne, a le désagrément de rendre les compartiments trop sombres du côté du couloir.

La solution que notre prédécesseur M. Desgrange a appliquée à des voitures destinées à quelques chemins secondaires de France, nous a paru préférable et c'est elle que nous avons cherché à reproduire dans la voiture à galerie latérale que les ateliers de Vienne ont exécutée sur nos plans et livrée à l'exploitation à la fin de 1877.

Le but de la galerie latérale, qui est couverte, est de mettre en relation les différents compartiments de la voiture et de permettre avec toute sécurité la circulation le long du train, pendant la marche, au personnel des conducteurs, et même aux voyageurs en cas de danger ou de besoin.

Cette voiture joint donc les avantages du système à coupés à ceux des voitures à communication intérieure, et nous sommes persuadés que c'est dans cette voie qu'il y aura lieu de chercher une solution définitive pour l'avenir.

En attendant, comme il s'agissait d'un essai à faire et comme le service du mouvement nous demandait depuis quelque temps déjà une voiture avec un salon à dimensions réduites, pouvant au besoin se prêter au transport des malades, nous avons divisé la voiture mixte en question comme suit :

1/2 coupé de 1re classe,
1 » de 2e »
1 salon pouvant servir au transport des malades,
1 compartiment pour domestique,
1 » » toilette.

Les deux derniers compartiments communiquent directement avec le salon, et le compartiment toilette, situé du côté de la galerie, peut au besoin être mis en relation avec les autres coupés.

Malgré la galerie, la largeur de la caisse est restée sensiblement la même que celle des voitures à coupés ordinaires, à 15 millimètres par place de voyageurs près.

L'axe vertical de la caisse se trouve déplacé par rapport à celui du châssis et la balustrade de la galerie est calculée de façon à faire contrepoids à ce petit déplacement.

Cette balustrade, interrompue au droit des portes, se trouve remplacée, en ces points par des mains courantes mobiles à charnière.

Du côté opposé à la galerie les portes sont ordinaires sauf celle qui possède un ventail supplémentaire mobile pour faciliter, en cas de besoin l'entrée des malades dans la voiture.

Les dimensions principales de ce véhicule sont les suivantes :

Longueur totale de tampon à tampon.	8m.170
» extérieure de la caisse.	7 .000
» intérieure	6 .880

Largeur	extérieure	2 .310
»	intérieure	2 .190
»	de la galerie	0 .460
Hauteur de la voiture au-dessus des rails		3 .315
»	intérieure de la caisse	2 .025
Écartement des essieux		3 .800

La voiture pèse 8,100 kilog. et peut contenir 17 voyageurs.

Elle est d'ailleurs construite d'après nos types les plus récents. Le châssis est entièrement en bois de chêne sauf les longerons qui sont en fer à |.

Le plafond et le plancher sont doubles. La barre d'attelage est continue et exécutée, comme ses crochets, et les tendeurs d'après les nouvelles dimensions.

Les parois et plafonds du salon et du 1/2 coupé de 1re classe sont en placage d'érable et les garnitures des sièges, canapé et fauteuils en velours ponceau.

Les plafonds et parois des autres compartiments sont en toile cirée et leurs meubles recouverts de drap gris. Nous y avons fait l'essai d'une lampe du nouveau système anglais Davis et Thomas qui, bien réglée, éclaire presqu'autant qu'un bec de gaz.

Dessin du nouveau type de fourgon à bagages avec application du frein pneumatique du système Hardy. — Nous avons vu dans la première partie de notre mémoire qu'appelés à faire la commande de quelques fourgons à bagages à quatre roues, en remplacement de fourgons anciens à huit roues, nous avons été amenés à faire l'étude d'un type nouveau de fourgons spécialement destinés aux trains de voyageurs et aux express.

L'intention de la Compagnie étant d'appliquer peu à peu les freins continus à ses trains express, nous avons profité de la circonstance pour appliquer aux fourgons qui s'exécutent en ce moment, le frein pneumatique, système Hardy, en maintenant également la manœuvre à la main, pour le cas où le fourgon serait attelé dans un train ordinaire de voyageurs.

Les dimensions principales de ce véhicule sont les suivantes :

Longueur totale entre tampons		8m.140
»	extérieure de la caisse	6. 360
»	intérieure » »	6. 220

Largeur extérieure » »	. . . .	2. 540
» intérieure » »	. . . .	2. 400
Hauteur de la caisse au-dessus du niveau des rails.	. . . . .	3. 270
» » guérite vitrée au-dessus du niveau des rails.	. .	3. 885
» » caisse au-dessus du plancher	. . . .	2. 000
Écartement des essieux	. . . .	3. 800

Quant aux détails de construction, ils ressortent du dessin. En principe nous avons toujours un châssis mixte aussi solide que possible avec longerons en fer à], une tige d'attelage continue avec ressorts à spirale pour la traction et le choc. Les ressorts de suspension ont neuf lames de 13mm d'épaisseur sur 80 de largeur. Leur longueur est de 1m,900, et leur flexibilité de 70mm par tonne.

Ce type nouveau se distingue de notre fourgon ancien en ce qu'il est plus long, plus spacieux et qu'il contient deux waterclosets perfectionnés, avec entrées séparées, l'un pour dames, l'autre pour hommes, également abordables par un plateau avec escaliers. A l'extrémité opposée se trouve un compartiment spécial avec lanterneau vitré, destiné au conducteur.

L'espace compris entre le compartiment du conducteur et les waterclosets est destiné aux bagages ; de larges marche-pieds permettent d'ailleurs au conducteur de communiquer avec le plateau donnant entrée aux waterclosets.

Cette disposition est adoptée, avec quelques variations, par la plupart des grandes compagnies autrichiennes, en attendant qu'un nouveau type de voitures à intercommunication permette de placer les waterclosets dans l'intérieur même des voitures.

Le dessin indique d'ailleurs d'une façon assez claire l'application du frein pneumatique pour nous dispenser de toute explication, après ce qui a déjà été dit sur ces freins.

Nous ajouterons cependant que les leviers de transmission ont été calculés de manière que la pression totale sur les sabots de frein, correspondante à un vide de 1/3 d'atmosphère, représente environ 50 0/0 du poids du véhicule vide.

Ainsi le cylindre à vide ayant 0m390 de diamètre et une section de 1,194cq6, la pression sur le piston correspondante à un vide de 1/3 d'atmosphère sera 397k8.

La moitié du poids du véhicule vide étant de 3,800k, les leviers ont été calculés de façon à transmettre l'effort sur le piston dans la proportion de 397.8 à 3,800, soit 9.55 fois.

On voit que pour un vide de 2/3 d'atmosphère, qui représente environ le maximum de ce que peut produire l'éjecteur le plus perfectionné la pression totale exercée sur les sabots de freins serait de 7,600^k.

Celle à laquelle on pourrait arriver, bien évidemment dans un temps beaucoup plus long avec les freins à main, serait de 15,400^k, en supposant que le conducteur pût exercer sur le volant ou la manivelle du frein un effort de 25^k.

Il n'est donc pas étonnant que dans la manœuvre à main on en vienne à caler les roues là où le frein pneumatique n'y arrive pas dans les conditions ordinaires.

Dessin d'application du frein pneumatique (système Hardy) au nouveau type de machine à voyageurs pour le Brenner. — Ce dessin qui indique les contours généraux de la nouvelle machine à voyageurs du Brenner, a pour but de faire voir l'application du frein pneumatique à cette machine.

La légende qui l'accompagne indique tous les détails de construction du frein.

Vu la disposition, nous n'avons pu appliquer le frein qu'aux deux derniers essieux couplés de la machine et pour être sûrs de ne pas arriver au calage des roues, nous sommes restés dans les proportions admises plus haut pour la transformation des efforts, c'est-à-dire que la charge sur les deux essieux en question étant de 27,700^k, nous avons été amenés à exercer sur les sabots de frein un effort total ne dépassant pas 50 0/0 de la charge, soit 13,850^k pour un vide de 1/3 d'atmosphère.

Avec un vide de 1/2 atmosphère la pression sur les sabots serait de 20,775^k, et avec le maximum du vide produit par les éjecteurs ordinaires, environ 27,700^k, le poids total de la machine en service étant de 41 tonnes.

L'effort exercé sur les sabots est environ le double de celui qui était exercé, dans les circonstances analogues, dans nos premiers essais du frein Smith.

Ajoutons de suite que le tender à six roues de cette machine ayant un poids total de 27,9 tonnes environ, recevra également un frein pneumatique calculé pour exercer une pression de 13,500^k sur les sabots de frein des trois paires de roues, avec un vide de 1/3 d'atmosphère, et par conséquent environ 27,000^k avec le maximun probable du vide possible.

En supposant que la charge maxima de trains de voyageurs du Brenner atteigne 120^t, soit avec la machine et le tender : 188^{t}9 environ, on voit qu'à l'aide du frein pneumatique on pourra freiner 68^t,9, soit environ 36 1/2 0/0 de la charge totale, en n'agissant que sur la machine et le tender seulement. Cette disposition permettra donc de réduire au minimum l'action des freins à main des véhicules, en attendant que ces derniers soient également munis de freins pneumatiques.

Vu le peu de place dont on disposait par suite du mouvement intérieur de la machine, les cylindres pneumatiques employés ont reçu le diamètre de 0^m,39 comme les cylindres des voitures, tandis que généralement les cylindres à vide des machines et tenders ont 0^m,45.

Le dessin dispense d'ailleurs de toute explication ; la seule remarque à faire est relative à la tige de manœuvre de la prise de vapeur pour l'éjecteur. Cette tige se termine en effet par une partie filetée entrant dans un écrou à poignée.

Cette poignée, qui sert à la manœuvre, permet, soit d'ouvrir la soupape de prise de vapeur en plein en tirant, soit de l'ouvrir peu à peu, à la descente des pentes de déclivités variables, en la tournant.

Cette disposition, adoptée pour les machines de montagne, se trouve remplacée, pour les machines des sections ordinaires, par une disposition à secteur, dont les crans correspondent à l'ouverture qu'on veut donner à la valve.

Ces deux dispositions peuvent être examinées en détail dans l'exposition que fera la Compagnie des divers organes principaux du frein pneumatique, système Hardy, qu'elle a adopté pour ses trains express.

Exposition des organes principaux du frein pneumatique. — Cette exposition comprendra les objets suivants :

1) Un double éjecteur;

2) Deux cylindres à vide, l'un de 0^m,45 de diamètre pour machine et tender, l'autre de 0^m,39 pour voitures, et leurs raccords avec les conduites à air.

3) La valve à vapeur avec tige de manœuvre à écrou ou à secteur.

4) Deux indicateurs de vide, l'un pour la conduite à air de la machine, l'autre pour celle du train.

5) Une double valve de rentrée d'air.

6) Un purgeur à soupape automatique, destiné à laisser écouler l'eau de condensation des conduites à air.

7) Les différentes espèces de joints pour les tuyaux en caoutchouc, destinés à raccorder les conduites d'air de véhicule à véhicule.

D'ailleurs, l'application du frein pneumatique à la nouvelle machine à voyageurs du Brenner, pourra mieux s'étudier sur la machine, exécutée d'après les plans de la Compagnie, que se propose d'exposer la fabrique de locomotives de Florisdorf, qui exécute ces machines en ce moment.

Ceci nous amène à parler, en terminant ce mémoire, de notre nouveau type de machines à voyageurs pour le Brenner.

Nouveau type de machines à voyageurs pour le Brenner. — Dans les deux premières parties de notre mémoire, nous avons fait ressortir :

1° Que par mesure de sécurité, nous avions pris la précaution de renouveler de temps en temps les machines à six roues couplées du système Hall, que nous avons jusqu'ici employées pour les trains de voyageurs du Brenner.

2° Que dans ces dernières années, la charge toujours croissante des trains de voyageurs du Brenner, avait atteint, dans certains cas, des limites telles, qu'il avait fallu les remorquer en double traction.

La Compagnie ayant à commander des locomotives à six roues couplées, il était tout naturel de saisir cette occasion pour faire l'étude d'une machine plus puissante que le dernier type des machines système Hall, et pouvant de préférence être destinée au service du Brenner.

Il s'agissait en même temps de créer un type nouveau se prêtant aussi bien à remorquer les trains de voyageurs en montagne que les trains de marchandises en sections moins accidentées, et devant, par conséquent, passer dans le gabarit, limite de l'union des chemins de fer allemands, comme cela est prescrit dans les derniers règlements.

Dès lors, et vu le petit diamètre de roues qu'exigent les rampes exceptionnelles du réseau, il fallait renoncer à la distribution extérieure qui a été pendant longtemps le point caractéristique des machines de la Compagnie.

Au moment où nous mettions cette question à l'étude, nous revenions d'ailleurs d'Angleterre, où la forme traditionnelle, dont on paraît ne plus vouloir se départir, consiste à placer non-seulement le mouvement mais encore les cylindres à l'intérieur.

Prenant en outre en considération les réparations nombreuses auxquelles ont donné lieu, précisément dans ces dernières années, les contre-manivelles et têtes de bielles motrices correspondantes, nous nous sommes décidés à adopter, à l'exemple de la plupart des autres compagnies, la distribution intérieure.

D'ailleurs, nous avions pour nous l'expérience acquise par le personnel, la faculté de rendre, à la manière anglaise, le mécanisme très-abordable, grâce au relevage du corps cylindrique de la chaudière et grâce à la galerie avec main courante, établie de chaque côté de la machine pour faciliter la visite et le graissage du mécanisme, enfin les dimensions les plus considérables et le meilleur graissage des coulisses.

Un programme résumant les conditions principales et rédigé par comparaison avec ceux des machines à six roues couplées déjà existantes, permit à notre inspecteur, M. Golsdorf, au zèle et l'habileté duquel nous ne saurions rendre trop de justice, d'étudier, en l'espace de quelques mois, tous les plans de détails de la nouvelle machine.

Il fut convenu que la chaudière et la grille de cette nouvelle machine recevraient, à peu de chose près, les dimensions de celles de nos machines de la série 32ᵉ, mais que le diamètre des cylindres serait porté de $0^m,470$ à $0^m,480$, et la pression absolue de 10,3 à 11 atmosphères, et que les différents organes principaux de la machine seraient renforcés de façon à obtenir de meilleures conditions pour l'entretien.

L'étude nous a conduits au poids de 41 tonnes pour la machine en service, ce qui représente sur l'essieu moteur environ 14 tonnes, charge limite admise par le règlement technique de l'union.

Nous espérons que ces nouvelles machines pourront traîner à la vitesse des trains de voyageurs (17 à 20^k à l'heure), sur la rampe de 25^{mm} et en courbe de 285^m de rayon, des trains de 120 tonnes là où nos machines anciennes pouvaient avec peine remorquer 100 tonnes.

Notre nouveau type sera donc une des machines à six roues les plus puissantes, si ce n'est la plus puissante de celles qui figureront à l'Exposition universelle et qui fonctionnent aujourd'hui en Europe.

Nous y avons appliqué le frein pneumatique, et en même temps, le frein à contre-vapeur Lechâtelier, les nouveaux injecteurs Friedmann, un graisseur pour les boudins des roues d'avant, et une disposition spéciale pour nettoyer les rails à l'aide d'un jet d'eau venant de la chaudière, en un mot, tous les derniers perfectionnements apportés aux locomotives dans ces derniers temps.

Les chaudières sont en tôle de fer de Neuberg, les essieux en acier Bessemer de Neuberg, les bandages en acier de Krupp, les bielles et leurs coussinets en fer, les boutons de manivelles en fer trempé, les tiges de pistons en acier, les colliers d'excentrique en fer et les coulisses en fer trempé.

Nous avons conservé pour ces machines nos tenders ordinaires à six roues, l'expérience ayant démontré que les consommations d'eau entre deux stations d'alimentation, pour les trains de voyageurs du Brenner un peu chargés, étaient tellement considérables qu'il n'y avait pas lieu de chercher à réduire la capacité de la caisse à eau.

Nous ne saurions mieux faire, pour terminer, que de donner le tableau comparatif des conditions d'établissement des nouvelles machines et de celles analogues de toutes les autres séries de machines à six roues couplées de la Compagnie.

Ce tableau, annexe n° 19, permettra de se rendre compte de la puissance des nouvelles machines.

Enfin, nous joindrons Pl. II, le croquis de la nouvelle machine, série 32b et dans l'annexe n° 20, les dimensions principales de cette locomotive.

Mars 1878.

PARIS. — IMPRIMERIE E. CAPIOMONT ET V. RENAULT, RUE DES POITEVINS, 6
Imprimeurs de la Société des Ingénieurs civils.

N° 1.

ÉTAT COMPARATIF DES DÉPENSES DE TRACTION ET D'ENTRETIEN DU MATÉRIEL DES ANNÉES 1860 À 1877.

Ligne principale de Vienne à Trieste et ses embranchements sur la Hongrie, la Carinthie, le Tyrol et l'Italie.

1° Vienne-Trieste et embranchement de Laxenburg [illegible]
2° [illegible]
3° [illegible]
4° [illegible]
5° [illegible]
6° [illegible]
7° [illegible]
8° [illegible]

} 1,887 kilomètres.

DÉTAILS DES PARCOURS ET DÉPENSES.	1860.	1861.	1862.	1863.	1864.	1865.	1866.	1867.	1868.	1869.	1870.	1871.	1872.	1873.	1874.	1875.	1876.	1877.	Réduction des dépenses de 1877 sur 1860.	OBSERVATIONS.
Parcours des trains	[illegible]	[illegible]	[illegible]	[illegible]	[illegible]	[illegible]	[illegible]	[illegible]	[illegible]	[illegible]	[illegible]	[illegible]	[illegible]	[illegible]	[illegible]	[illegible]	[illegible]	[illegible]		
— des machines	[illegible]	[illegible]	[illegible]	[illegible]	[illegible]	[illegible]	[illegible]	[illegible]	[illegible]	[illegible]	[illegible]	[illegible]	[illegible]	[illegible]	[illegible]	[illegible]	[illegible]	[illegible]		
[illegible]	[illegible]	[illegible]	[illegible]	[illegible]	[illegible]	[illegible]	[illegible]	[illegible]	[illegible]	[illegible]	[illegible]	[illegible]	[illegible]	[illegible]	[illegible]	[illegible]	[illegible]	[illegible]		
Parcours des véhicules	[illegible]	[illegible]	[illegible]	[illegible]	[illegible]	[illegible]	[illegible]	[illegible]	[illegible]	[illegible]	[illegible]	[illegible]	[illegible]	[illegible]	[illegible]	[illegible]	[illegible]	[illegible]		
Dépenses de traction et d'entretien	[illegible]	[illegible]	[illegible]	[illegible]	[illegible]	[illegible]	[illegible]	[illegible]	[illegible]	[illegible]	[illegible]	[illegible]	[illegible]	[illegible]	[illegible]	[illegible]	[illegible]	[illegible]		[illegible]
1° Locomotives.																				
Conduite	[illegible]	[illegible]	[illegible]	[illegible]	[illegible]	[illegible]	[illegible]	[illegible]	[illegible]	[illegible]	[illegible]	[illegible]	[illegible]	[illegible]	[illegible]	[illegible]	[illegible]	[illegible]	[illegible]	[illegible]
Combustible	[illegible]	[illegible]	[illegible]	[illegible]	[illegible]	[illegible]	[illegible]	[illegible]	[illegible]	[illegible]	[illegible]	[illegible]	[illegible]	[illegible]	[illegible]	[illegible]	[illegible]	[illegible]	[illegible]	[illegible]
Graissage	[illegible]	[illegible]	[illegible]	[illegible]	[illegible]	[illegible]	[illegible]	[illegible]	[illegible]	[illegible]	[illegible]	[illegible]	[illegible]	[illegible]	[illegible]	[illegible]	[illegible]	[illegible]	[illegible]	[illegible]
Eau	[illegible]	[illegible]	[illegible]	[illegible]	[illegible]	[illegible]	[illegible]	[illegible]	[illegible]	[illegible]	[illegible]	[illegible]	[illegible]	[illegible]	[illegible]	[illegible]	[illegible]	[illegible]	[illegible]	[illegible]
Réparations	[illegible]	[illegible]	[illegible]	[illegible]	[illegible]	[illegible]	[illegible]	[illegible]	[illegible]	[illegible]	[illegible]	[illegible]	[illegible]	[illegible]	[illegible]	[illegible]	[illegible]	[illegible]	[illegible]	[illegible]
Frais généraux	[illegible]	[illegible]	[illegible]	[illegible]	[illegible]	[illegible]	[illegible]	[illegible]	[illegible]	[illegible]	[illegible]	[illegible]	[illegible]	[illegible]	[illegible]	[illegible]	[illegible]	[illegible]	[illegible]	[illegible]
2° Voitures et wagons.																				
Réparations des voitures	[illegible]	[illegible]	[illegible]	[illegible]	[illegible]	[illegible]	[illegible]	[illegible]	[illegible]	[illegible]	[illegible]	[illegible]	[illegible]	[illegible]	[illegible]	[illegible]	[illegible]	[illegible]	[illegible]	[illegible]
— des wagons	[illegible]	[illegible]	[illegible]	[illegible]	[illegible]	[illegible]	[illegible]	[illegible]	[illegible]	[illegible]	[illegible]	[illegible]	[illegible]	[illegible]	[illegible]	[illegible]	[illegible]	[illegible]	[illegible]	[illegible]
Graissage	[illegible]	[illegible]	[illegible]	[illegible]	[illegible]	[illegible]	[illegible]	[illegible]	[illegible]	[illegible]	[illegible]	[illegible]	[illegible]	[illegible]	[illegible]	[illegible]	[illegible]	[illegible]	[illegible]	[illegible]
Frais généraux	[illegible]	[illegible]	[illegible]	[illegible]	[illegible]	[illegible]	[illegible]	[illegible]	[illegible]	[illegible]	[illegible]	[illegible]	[illegible]	[illegible]	[illegible]	[illegible]	[illegible]	[illegible]	[illegible]	[illegible]
Total par kilomètre de train	[illegible]	[illegible]	[illegible]	[illegible]	[illegible]	[illegible]	[illegible]	[illegible]	[illegible]	[illegible]	[illegible]	[illegible]	[illegible]	[illegible]	[illegible]	[illegible]	[illegible]	[illegible]	[illegible]	[illegible]
[illegible]	—	[illegible]	[illegible]	[illegible]	[illegible]	[illegible]	[illegible]	[illegible]	[illegible]	[illegible]	[illegible]	[illegible]	[illegible]	[illegible]	[illegible]	[illegible]	[illegible]	[illegible]		[illegible]

N° 2.

TABLEAU COMPARATIF

des charges totales remorquées sur la ligne principale de Vienne à Trieste et [illegible] embranchements et des prix de revient de traction et d'entretien du matériel par tonne kilométrique de charge brute remorquée pendant les années [illegible] à 1877 inclusivement.

ANNÉES.	LONGUEURS des lignes exploitées (en kilomètres)	PARCOURS total des trains (en kilom.)	NOMBRE D'ESSIEUX PAR TRAIN: Voyageurs	Mixtes	Marchandises	Moyenne	CHARGEMENT BRUT MOYEN D'UN TRAIN (en tonnes): Voyageurs	Mixtes	Marchandises	Moyenne	TRAVAIL TOTAL en tonnes kilométriques	DÉPENSES TOTALES de traction et d'entretien du matériel	[illegible]	[illegible]	OBSERVATIONS.
[illegible]	[illegible]	[illegible]	[illegible]	[illegible]	[illegible]	[illegible]	[illegible]	[illegible]	[illegible]	[illegible]	[illegible]	[illegible]	[illegible]	[illegible]	
[illegible]	[illegible]	[illegible]	[illegible]	[illegible]	[illegible]	[illegible]	[illegible]	[illegible]	[illegible]	[illegible]	[illegible]	[illegible]	[illegible]	[illegible]	
[illegible]	[illegible]	[illegible]	[illegible]	[illegible]	[illegible]	[illegible]	[illegible]	[illegible]	[illegible]	[illegible]	[illegible]	[illegible]	[illegible]	[illegible]	
[illegible]	[illegible]	[illegible]	[illegible]	[illegible]	[illegible]	[illegible]	[illegible]	[illegible]	[illegible]	[illegible]	[illegible]	[illegible]	[illegible]	[illegible]	
[illegible]	[illegible]	[illegible]	[illegible]	[illegible]	[illegible]	[illegible]	[illegible]	[illegible]	[illegible]	[illegible]	[illegible]	[illegible]	[illegible]	[illegible]	
[illegible]	[illegible]	[illegible]	[illegible]	[illegible]	[illegible]	[illegible]	[illegible]	[illegible]	[illegible]	[illegible]	[illegible]	[illegible]	[illegible]	[illegible]	
[illegible]	[illegible]	[illegible]	[illegible]	[illegible]	[illegible]	[illegible]	[illegible]	[illegible]	[illegible]	[illegible]	[illegible]	[illegible]	[illegible]	[illegible]	
[illegible]	[illegible]	[illegible]	[illegible]	[illegible]	[illegible]	[illegible]	[illegible]	[illegible]	[illegible]	[illegible]	[illegible]	[illegible]	[illegible]	[illegible]	
[illegible]	[illegible]	[illegible]	[illegible]	[illegible]	[illegible]	[illegible]	[illegible]	[illegible]	[illegible]	[illegible]	[illegible]	[illegible]	[illegible]	[illegible]	
[illegible]	[illegible]	[illegible]	[illegible]	[illegible]	[illegible]	[illegible]	[illegible]	[illegible]	[illegible]	[illegible]	[illegible]	[illegible]	[illegible]	[illegible]	
[illegible]	[illegible]	[illegible]	[illegible]	[illegible]	[illegible]	[illegible]	[illegible]	[illegible]	[illegible]	[illegible]	[illegible]	[illegible]	[illegible]	[illegible]	
[illegible]	[illegible]	[illegible]	[illegible]	[illegible]	[illegible]	[illegible]	[illegible]	[illegible]	[illegible]	[illegible]	[illegible]	[illegible]	[illegible]	[illegible]	
[illegible]	[illegible]	[illegible]	[illegible]	[illegible]	[illegible]	[illegible]	[illegible]	[illegible]	[illegible]	[illegible]	[illegible]	[illegible]	[illegible]	[illegible]	
[illegible]	[illegible]	[illegible]	[illegible]	[illegible]	[illegible]	[illegible]	[illegible]	[illegible]	[illegible]	[illegible]	[illegible]	[illegible]	[illegible]	[illegible]	
[illegible]	[illegible]	[illegible]	[illegible]	[illegible]	[illegible]	[illegible]	[illegible]	[illegible]	[illegible]	[illegible]	[illegible]	[illegible]	[illegible]	[illegible]	

N° 2.

État comparatif des dépenses de traction et d'entretien du matériel des années 1864 à 1877.

Section du Semmering.

DÉSIGNATION DES PARCOURS ET DÉPENSES.	1864.	1865.	1866.	1867.	1868.	1869.	1870.	1871.	1872.	1873.	1874.	1875.	1876.	1877.
Parcours des trains	[illegible]	[illegible]	[illegible]	[illegible]	[illegible]	[illegible]	[illegible]	[illegible]	[illegible]	[illegible]	[illegible]	[illegible]	[illegible]	[illegible]
— des machines	[illegible]	[illegible]	[illegible]	[illegible]	[illegible]	[illegible]	[illegible]	[illegible]	[illegible]	[illegible]	[illegible]	[illegible]	[illegible]	[illegible]
Rendement pour 100	[illegible]	[illegible]	[illegible]	[illegible]	[illegible]	[illegible]	[illegible]	[illegible]	[illegible]	[illegible]	[illegible]	[illegible]	[illegible]	[illegible]
Parcours des véhicules	[illegible]	[illegible]	[illegible]	[illegible]	[illegible]	[illegible]	[illegible]	[illegible]	[illegible]	[illegible]	[illegible]	[illegible]	[illegible]	[illegible]
Dépenses de traction et d'entretien	[illegible]	[illegible]	[illegible]	[illegible]	[illegible]	[illegible]	[illegible]	[illegible]	[illegible]	[illegible]	[illegible]	[illegible]	[illegible]	[illegible]
Dépenses par kilomètre de train.														
1° Locomotives.														
[illegible]	[illegible]	[illegible]	[illegible]	[illegible]	[illegible]	[illegible]	[illegible]	[illegible]	[illegible]	[illegible]	[illegible]	[illegible]	[illegible]	[illegible]
Combustible	[illegible]	[illegible]	[illegible]	[illegible]	[illegible]	[illegible]	[illegible]	[illegible]	[illegible]	[illegible]	[illegible]	[illegible]	[illegible]	[illegible]
Graissage	[illegible]	[illegible]	[illegible]	[illegible]	[illegible]	[illegible]	[illegible]	[illegible]	[illegible]	[illegible]	[illegible]	[illegible]	[illegible]	[illegible]
[illegible]	[illegible]	[illegible]	[illegible]	[illegible]	[illegible]	[illegible]	[illegible]	[illegible]	[illegible]	[illegible]	[illegible]	[illegible]	[illegible]	[illegible]
Réparations	[illegible]	[illegible]	[illegible]	[illegible]	[illegible]	[illegible]	[illegible]	[illegible]	[illegible]	[illegible]	[illegible]	[illegible]	[illegible]	[illegible]
Frais généraux	[illegible]	[illegible]	[illegible]	[illegible]	[illegible]	[illegible]	[illegible]	[illegible]	[illegible]	[illegible]	[illegible]	[illegible]	[illegible]	[illegible]
2° Voitures et wagons.														
Réparation des voitures	[illegible]	[illegible]	[illegible]	[illegible]	[illegible]	[illegible]	[illegible]	[illegible]	[illegible]	[illegible]	[illegible]	[illegible]	[illegible]	[illegible]
— des wagons	[illegible]	[illegible]	[illegible]	[illegible]	[illegible]	[illegible]	[illegible]	[illegible]	[illegible]	[illegible]	[illegible]	[illegible]	[illegible]	[illegible]
[illegible]	[illegible]	[illegible]	[illegible]	[illegible]	[illegible]	[illegible]	[illegible]	[illegible]	[illegible]	[illegible]	[illegible]	[illegible]	[illegible]	[illegible]
Frais généraux	[illegible]	[illegible]	[illegible]	[illegible]	[illegible]	[illegible]	[illegible]	[illegible]	[illegible]	[illegible]	[illegible]	[illegible]	[illegible]	[illegible]
Total par kilomètre de train	[illegible]	[illegible]	[illegible]	[illegible]	[illegible]	[illegible]	[illegible]	[illegible]	[illegible]	[illegible]	[illegible]	[illegible]	[illegible]	[illegible]

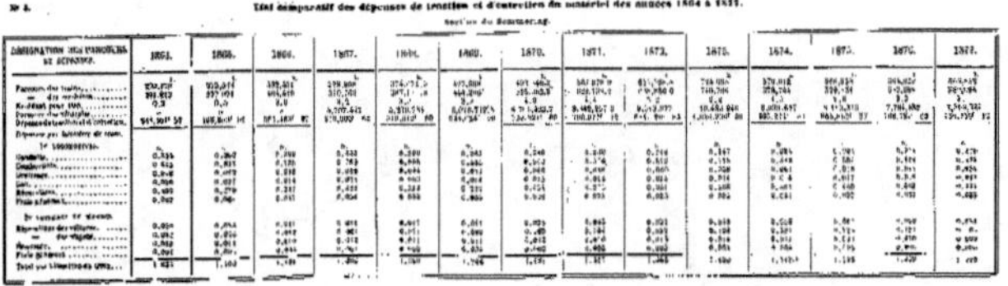

N° 3. *Comparaison de la consommation de combustible sur le Semmering.*

ANNÉES.	[illegible] de COKE.	[illegible] de [illegible]	[illegible]	CONSOMMATION par kilomètre		OBSERVATIONS.
				[illegible]	[illegible]	
[illegible]	[illegible]	[illegible]	[illegible]	[illegible]	[illegible]	
[illegible]	[illegible]	[illegible]	[illegible]	[illegible]	[illegible]	
[illegible]	[illegible]	[illegible]	[illegible]	[illegible]	[illegible]	
[illegible]	[illegible]	[illegible]	[illegible]	[illegible]	[illegible]	
[illegible]	[illegible]	[illegible]	[illegible]	[illegible]	[illegible]	
[illegible]	[illegible]	[illegible]	[illegible]	[illegible]	[illegible]	
[illegible]	[illegible]	[illegible]	[illegible]	[illegible]	[illegible]	
[illegible]	[illegible]	[illegible]	[illegible]	[illegible]	[illegible]	
[illegible]	[illegible]	[illegible]	[illegible]	[illegible]	[illegible]	
[illegible]	[illegible]	[illegible]	[illegible]	[illegible]	[illegible]	
[illegible]	[illegible]	[illegible]	[illegible]	[illegible]	[illegible]	
[illegible]	[illegible]	[illegible]	[illegible]	[illegible]	[illegible]	
[illegible]	[illegible]	[illegible]	[illegible]	[illegible]	[illegible]	
[illegible]	[illegible]	[illegible]	[illegible]	[illegible]	[illegible]	
[illegible]	[illegible]	[illegible]	[illegible]	[illegible]	[illegible]	
[illegible]	[illegible]	[illegible]	[illegible]	[illegible]	[illegible]	
[illegible]	[illegible]	[illegible]	[illegible]	[illegible]	[illegible]	
[illegible]	[illegible]	[illegible]	[illegible]	[illegible]	[illegible]	

N° 4.

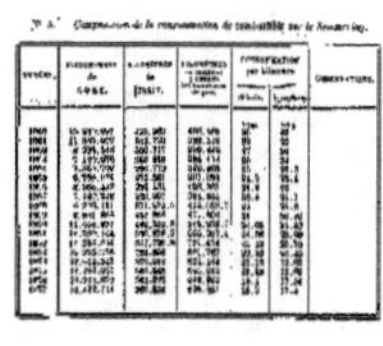

Comparaison des dépenses de traction du Semmering avec les autres sections de la ligne principale de Vienne à Trieste et ses embranchements

(Par kilomètre de train.)

DÉSIGNATION DES LIGNES.	[illegible]	[illegible]	[illegible]	[illegible]	[illegible]	[illegible]	[illegible]	1867.	[illegible]	[illegible]	[illegible]	[illegible]	[illegible]	[illegible]	[illegible]	[illegible]	[illegible]	[illegible]
LIGNES DU SUD.																		
Semmering seul	[illegible]	[illegible]	[illegible]	[illegible]	[illegible]	[illegible]	[illegible]	[illegible]	[illegible]	[illegible]	[illegible]	[illegible]	[illegible]	[illegible]	[illegible]	[illegible]	[illegible]	[illegible]
Autres sections	[illegible]	[illegible]	[illegible]	[illegible]	[illegible]	[illegible]	[illegible]	[illegible]	[illegible]	[illegible]	[illegible]	[illegible]	[illegible]	[illegible]	[illegible]	[illegible]	[illegible]	[illegible]
Moyenne des lignes du Sud	[illegible]	[illegible]	[illegible]	[illegible]	[illegible]	[illegible]	[illegible]	[illegible]	[illegible]	[illegible]	[illegible]	[illegible]	[illegible]	[illegible]	[illegible]	[illegible]	[illegible]	[illegible]
Réduction pour 100 pour le Semmering	—	[illegible]	[illegible]	[illegible]	[illegible]	[illegible]	[illegible]	[illegible]	[illegible]	[illegible]	[illegible]	[illegible]	[illegible]	[illegible]	[illegible]	[illegible]	[illegible]	[illegible]

Nº 6.

Comparaison des dépenses totales d'exploitation du Semmering avec celles des autres sections de la ligne principale de Vienne à Trieste et de ses embranchements.

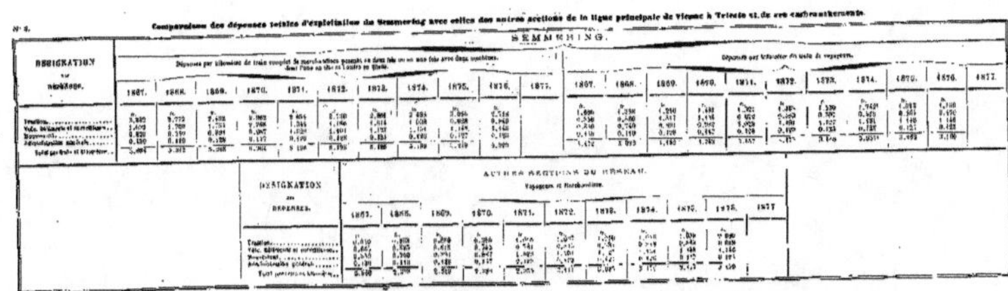

SEMMERING.

DÉSIGNATION des dépenses.	Dépenses par kilomètre de train complet de marchandises, passant en deux fois ou en une fois avec deux machines, dont l'une en tête et l'autre en queue.											Dépenses par kilomètre de train de voyageurs.										
	1867.	1868.	1869.	1870.	1871.	1872.	1873.	1874.	1875.	1876.	1877.	1867.	1868.	1869.	1870.	1871.	1872.	1873.	1874.	1875.	1876.	1877.
Traction	[illegible]	[illegible]	[illegible]	[illegible]	[illegible]	[illegible]	[illegible]	[illegible]	[illegible]	[illegible]		[illegible]	[illegible]	[illegible]	[illegible]	[illegible]	[illegible]	[illegible]	[illegible]	[illegible]	[illegible]	
Voie, bâtiments et surveillance	[illegible]	[illegible]	[illegible]	[illegible]	[illegible]	[illegible]	[illegible]	[illegible]	[illegible]	[illegible]		[illegible]	[illegible]	[illegible]	[illegible]	[illegible]	[illegible]	[illegible]	[illegible]	[illegible]	[illegible]	
Mouvement	[illegible]	[illegible]	[illegible]	[illegible]	[illegible]	[illegible]	[illegible]	[illegible]	[illegible]	[illegible]		[illegible]	[illegible]	[illegible]	[illegible]	[illegible]	[illegible]	[illegible]	[illegible]	[illegible]	[illegible]	
Administration générale	[illegible]	[illegible]	[illegible]	[illegible]	[illegible]	[illegible]	[illegible]	[illegible]	[illegible]	[illegible]		[illegible]	[illegible]	[illegible]	[illegible]	[illegible]	[illegible]	[illegible]	[illegible]	[illegible]	[illegible]	
Total par train et kilomètre	[illegible]	[illegible]	[illegible]	[illegible]	[illegible]	[illegible]	[illegible]	[illegible]	[illegible]	[illegible]		[illegible]	[illegible]	[illegible]	[illegible]	[illegible]	[illegible]	[illegible]	[illegible]	[illegible]	[illegible]	

AUTRES SECTIONS DU RÉSEAU.

Voyageurs et Marchandises.

DÉSIGNATION des dépenses.	1867.	1868.	1869.	1870.	1871.	1872.	1873.	1874.	1875.	1876.	1877.
Traction	[illegible]	[illegible]	[illegible]	[illegible]	[illegible]	[illegible]	[illegible]	[illegible]	[illegible]	[illegible]	
Voie, bâtiments et surveillance	[illegible]	[illegible]	[illegible]	[illegible]	[illegible]	[illegible]	[illegible]	[illegible]	[illegible]	[illegible]	
Mouvement	[illegible]	[illegible]	[illegible]	[illegible]	[illegible]	[illegible]	[illegible]	[illegible]	[illegible]	[illegible]	
Administration générale	[illegible]	[illegible]	[illegible]	[illegible]	[illegible]	[illegible]	[illegible]	[illegible]	[illegible]	[illegible]	
Total par train et kilomètre	[illegible]	[illegible]	[illegible]	[illegible]	[illegible]	[illegible]	[illegible]	[illegible]	[illegible]	[illegible]	

Nº 7.

ÉTAT COMPARATIF DES DÉPENSES DE TRACTION ET D'ENTRETIEN DU MATÉRIEL DES ANNÉES 1868 À 1877.

LIGNE DU TYROL.

1° [illegible] (Tyrol [illegible])
2° [illegible] (Ligne du Brenner)
3° [illegible] (Tyrol [illegible])

[illegible] kilomètres.

Détails des Parcours et Dépenses.	1868.	1869.	1870.	1871.	1872.	1873.	1874.	1875.	1876.	1877.
Parcours des trains	[illegible]	[illegible]	[illegible]	[illegible]	[illegible]	[illegible]	[illegible]	[illegible]	[illegible]	[illegible]
Parcours des machines	[illegible]	[illegible]	[illegible]	[illegible]	[illegible]	[illegible]	[illegible]	[illegible]	[illegible]	[illegible]
Combustible pour 100	[illegible]	[illegible]	[illegible]	[illegible]	[illegible]	[illegible]	[illegible]	[illegible]	[illegible]	[illegible]
Parcours des voitures	[illegible]	[illegible]	[illegible]	[illegible]	[illegible]	[illegible]	[illegible]	[illegible]	[illegible]	[illegible]
Dépenses de traction et d'entretien	[illegible]	[illegible]	[illegible]	[illegible]	[illegible]	[illegible]	[illegible]	[illegible]	[illegible]	[illegible]
Dépenses par kilomètre de train.										
1° LOCOMOTIVES.										
Combustible	[illegible]	[illegible]	[illegible]	[illegible]	[illegible]	[illegible]	[illegible]	[illegible]	[illegible]	[illegible]
Conduite	[illegible]	[illegible]	[illegible]	[illegible]	[illegible]	[illegible]	[illegible]	[illegible]	[illegible]	[illegible]
Graissage	[illegible]	[illegible]	[illegible]	[illegible]	[illegible]	[illegible]	[illegible]	[illegible]	[illegible]	[illegible]
Eau	[illegible]	[illegible]	[illegible]	[illegible]	[illegible]	[illegible]	[illegible]	[illegible]	[illegible]	[illegible]
Réparations	[illegible]	[illegible]	[illegible]	[illegible]	[illegible]	[illegible]	[illegible]	[illegible]	[illegible]	[illegible]
Frais généraux	[illegible]	[illegible]	[illegible]	[illegible]	[illegible]	[illegible]	[illegible]	[illegible]	[illegible]	[illegible]
2° VOITURES ET WAGONS.										
Réparations des voitures	[illegible]	[illegible]	[illegible]	[illegible]	[illegible]	[illegible]	[illegible]	[illegible]	[illegible]	[illegible]
Réparations des wagons	[illegible]	[illegible]	[illegible]	[illegible]	[illegible]	[illegible]	[illegible]	[illegible]	[illegible]	[illegible]
Graissage	[illegible]	[illegible]	[illegible]	[illegible]	[illegible]	[illegible]	[illegible]	[illegible]	[illegible]	[illegible]
Frais généraux	[illegible]	[illegible]	[illegible]	[illegible]	[illegible]	[illegible]	[illegible]	[illegible]	[illegible]	[illegible]
Total par kilomètre de train	[illegible]	[illegible]	[illegible]	[illegible]	[illegible]	[illegible]	[illegible]	[illegible]	[illegible]	[illegible]

N° 8.

TABLEAU COMPARATIF

des charges totales remorquées sur la ligne du Tyrol et des prix de revient de traction et d'entretien du matériel par tonne kilométrique de charge brute remorquée pendant les années 1869 à 1877 inclusivement.

ANNÉES.	LONGUEURS des lignes exploitées.	PARCOURS total des trains.	NOMBRE D'ESSIEUX PAR TRAIN.				CHARGEMENT BRUT MOYEN D'UN TRAIN.				TRAVAIL TOTAL en tonnes kilométriques.	DÉPENSES TOTALES de traction et d'entretien du matériel.	PRIX DE REVIENT de la tonne kilométrique de charge brute.	PRIX DU PARCOURS des kilomètres de train.	OBSERVATIONS.
	en kilomètres.	en kilomètres.	Voyageurs.	Mixtes.	Marchandises.	Moyenne.	Voyageurs.	Mixtes.	Marchandises.	Moyenne.		en francs.	en francs.	en francs.	
1868	[illegible]	[illegible]	[illegible]	[illegible]	[illegible]	[illegible]	[illegible]	[illegible]	[illegible]	[illegible]	[illegible]	[illegible]	[illegible]	[illegible]	
1869	[illegible]	[illegible]	[illegible]	[illegible]	[illegible]	[illegible]	[illegible]	[illegible]	[illegible]	[illegible]	[illegible]	[illegible]	[illegible]	[illegible]	
1870	[illegible]	[illegible]	[illegible]	[illegible]	[illegible]	[illegible]	[illegible]	[illegible]	[illegible]	[illegible]	[illegible]	[illegible]	[illegible]	[illegible]	
1871	[illegible]	[illegible]	[illegible]	[illegible]	[illegible]	[illegible]	[illegible]	[illegible]	[illegible]	[illegible]	[illegible]	[illegible]	[illegible]	[illegible]	
1872	[illegible]	[illegible]	[illegible]	[illegible]	[illegible]	[illegible]	[illegible]	[illegible]	[illegible]	[illegible]	[illegible]	[illegible]	[illegible]	[illegible]	
1873	[illegible]	[illegible]	[illegible]	[illegible]	[illegible]	[illegible]	[illegible]	[illegible]	[illegible]	[illegible]	[illegible]	[illegible]	[illegible]	[illegible]	
1874	[illegible]	[illegible]	[illegible]	[illegible]	[illegible]	[illegible]	[illegible]	[illegible]	[illegible]	[illegible]	[illegible]	[illegible]	[illegible]	[illegible]	
1875	[illegible]	[illegible]	[illegible]	[illegible]	[illegible]	[illegible]	[illegible]	[illegible]	[illegible]	[illegible]	[illegible]	[illegible]	[illegible]	[illegible]	
1876	[illegible]	[illegible]	[illegible]	[illegible]	[illegible]	[illegible]	[illegible]	[illegible]	[illegible]	[illegible]	[illegible]	[illegible]	[illegible]	[illegible]	
1877	[illegible]	[illegible]	[illegible]	[illegible]	[illegible]	[illegible]	[illegible]	[illegible]	[illegible]	[illegible]	[illegible]	[illegible]	[illegible]	[illegible]	

N° 9.

TABLEAU COMPARATIF POUR LES ANNÉES 1868 A 1877

des dépenses de traction et d'entretien du matériel sur la ligne principale et sur celle du Tyrol, non compris les trains à grande vitesse.

DÉSIGNATION des CHAPITRES DE DÉPENSES.	LIGNE PRINCIPALE DE VIENNE A TRIESTE ET SES EMBRANCHEMENTS, MOINS LA SECTION DU SEMMERING.										LIGNE DU TYROL, MOINS LA SECTION DU BRENNER.									
	1868.	1869.	1870.	1871.	1872.	1873.	1874.	1875.	1876.	1877.	1868.	1869.	1870.	1871.	1872.	1873.	1874.	1875.	1876.	1877.
1° Locomotives.																				
Conduite	[illegible]	0.167	[illegible]	0.166	0.174	0.179	[illegible]	0.177	[illegible]	0.174	0.120	0.121	[illegible]	0.176	[illegible]	[illegible]	[illegible]	[illegible]	[illegible]	0.144
Combustible	[illegible]	[illegible]	[illegible]	[illegible]	[illegible]	[illegible]	[illegible]	[illegible]	[illegible]	[illegible]	[illegible]	[illegible]	[illegible]	[illegible]	[illegible]	[illegible]	[illegible]	[illegible]	[illegible]	[illegible]
Graissage	[illegible]	[illegible]	[illegible]	[illegible]	[illegible]	[illegible]	[illegible]	[illegible]	[illegible]	[illegible]	[illegible]	[illegible]	[illegible]	[illegible]	[illegible]	[illegible]	[illegible]	[illegible]	[illegible]	[illegible]
Eau	[illegible]	[illegible]	[illegible]	[illegible]	[illegible]	[illegible]	[illegible]	[illegible]	[illegible]	[illegible]	[illegible]	[illegible]	[illegible]	[illegible]	[illegible]	[illegible]	[illegible]	[illegible]	[illegible]	[illegible]
Réparations	[illegible]	[illegible]	[illegible]	[illegible]	[illegible]	[illegible]	[illegible]	[illegible]	[illegible]	[illegible]	[illegible]	[illegible]	[illegible]	[illegible]	[illegible]	[illegible]	[illegible]	[illegible]	[illegible]	[illegible]
Frais généraux	[illegible]	[illegible]	[illegible]	[illegible]	[illegible]	[illegible]	[illegible]	[illegible]	[illegible]	[illegible]	[illegible]	[illegible]	[illegible]	[illegible]	[illegible]	[illegible]	[illegible]	[illegible]	[illegible]	[illegible]
2° Voitures et Wagons.																				
Réparations de voitures	[illegible]	[illegible]	[illegible]	[illegible]	[illegible]	[illegible]	[illegible]	[illegible]	[illegible]	[illegible]	[illegible]	[illegible]	[illegible]	[illegible]	[illegible]	[illegible]	[illegible]	[illegible]	[illegible]	[illegible]
Réparations de wagons	[illegible]	[illegible]	[illegible]	[illegible]	[illegible]	[illegible]	[illegible]	[illegible]	[illegible]	[illegible]	[illegible]	[illegible]	[illegible]	[illegible]	[illegible]	[illegible]	[illegible]	[illegible]	[illegible]	[illegible]
Graissage	[illegible]	[illegible]	[illegible]	[illegible]	[illegible]	[illegible]	[illegible]	[illegible]	[illegible]	[illegible]	[illegible]	[illegible]	[illegible]	[illegible]	[illegible]	[illegible]	[illegible]	[illegible]	[illegible]	[illegible]
Frais généraux	[illegible]	[illegible]	[illegible]	[illegible]	[illegible]	[illegible]	[illegible]	[illegible]	[illegible]	[illegible]	[illegible]	[illegible]	[illegible]	[illegible]	[illegible]	[illegible]	[illegible]	[illegible]	[illegible]	[illegible]
Prix de revient du kilomètre de train	0.930	[illegible]	1.090	1.015	1.057	1.010	[illegible]	[illegible]	0.980	0.942	1.130	0.815	1.014	[illegible]	0.945	0.953	[illegible]	[illegible]	[illegible]	0.825
Charge moyenne des trains	tonnes. 226.90	206.53	204.86	217.43	210.45	216.00	211.34	212.85	214.1	210.84	121.78	117.12	121.8	164.50	157.6	160.9	181.32	165.76	180.7	209.23
Prix correspondant de la tonne kilométrique	0.004431	0.00478	0.00459	0.00467	0.00492	0.004674	0.00488	0.004899	0.004578	0.004439	0.00946	0.0073	0.00831	0.00505	0.00598	0.00589	0.004865	0.00467	0.00426	0.003933

N° 10.

ÉTAT COMPARATIF DES DÉPENSES DE TRACTION ET D'ENTRETIEN DU MATÉRIEL DES ANNÉES 1868 A 1877.

Section du Brenner .... 125 kilomètres.

DÉTAILS DES PARCOURS ET DÉPENSES.	1868.	1869.	1870.	1871.	1872.	1873.	1874.	1875.	1876.	1877.
Parcours des trains	[illegible]	[illegible]	[illegible]	[illegible]	[illegible]	[illegible]	[illegible]	[illegible]	[illegible]	[illegible]
Parcours des machines	[illegible]	[illegible]	[illegible]	[illegible]	[illegible]	[illegible]	[illegible]	[illegible]	[illegible]	[illegible]
Excédant pour 100	[illegible]	[illegible]	[illegible]	[illegible]	[illegible]	[illegible]	[illegible]	[illegible]	[illegible]	[illegible]
Parcours des véhicules	[illegible]	[illegible]	[illegible]	[illegible]	[illegible]	[illegible]	[illegible]	[illegible]	[illegible]	[illegible]
Dépense de traction et d'entretien	[illegible]	[illegible]	[illegible]	[illegible]	[illegible]	[illegible]	[illegible]	[illegible]	[illegible]	[illegible]
Dépenses par kilomètre de train.										
1° LOCOMOTIVES.										
Conduite	[illegible]	[illegible]	[illegible]	[illegible]	[illegible]	[illegible]	[illegible]	[illegible]	[illegible]	[illegible]
Combustible	[illegible]	[illegible]	[illegible]	[illegible]	[illegible]	[illegible]	[illegible]	[illegible]	[illegible]	[illegible]
Graissage	[illegible]	[illegible]	[illegible]	[illegible]	[illegible]	[illegible]	[illegible]	[illegible]	[illegible]	[illegible]
Eau	[illegible]	[illegible]	[illegible]	[illegible]	[illegible]	[illegible]	[illegible]	[illegible]	[illegible]	[illegible]
Réparations	[illegible]	[illegible]	[illegible]	[illegible]	[illegible]	[illegible]	[illegible]	[illegible]	[illegible]	[illegible]
Frais généraux	[illegible]	[illegible]	[illegible]	[illegible]	[illegible]	[illegible]	[illegible]	[illegible]	[illegible]	[illegible]
2° VOITURES ET WAGONS.										
Réparation des voitures	[illegible]	[illegible]	[illegible]	[illegible]	[illegible]	[illegible]	[illegible]	[illegible]	[illegible]	[illegible]
Réparation des wagons	[illegible]	[illegible]	[illegible]	[illegible]	[illegible]	[illegible]	[illegible]	[illegible]	[illegible]	[illegible]
Graissage	[illegible]	[illegible]	[illegible]	[illegible]	[illegible]	[illegible]	[illegible]	[illegible]	[illegible]	[illegible]
Frais généraux	[illegible]	[illegible]	[illegible]	[illegible]	[illegible]	[illegible]	[illegible]	[illegible]	[illegible]	[illegible]
Total par kilomètre de train	[illegible]	[illegible]	[illegible]	[illegible]	[illegible]	[illegible]	[illegible]	[illegible]	[illegible]	[illegible]

N° 11.

ÉTAT COMPARATIF DE 1868 A 1877 DES PARCOURS

des trains de Voyageurs et Marchandises sur la section du Brenner, du prix de revient de ces trains [illegible] et des consommations de combustible correspondantes.

DÉSIGNATION.	1868.	1869.	1870.	1871.	1872.	1873.	1874.	1875.	1876.	1877.
Parcours des trains de voyageurs remorqués par une machine à [illegible]	[illegible]	[illegible]	[illegible]	[illegible]	[illegible]	[illegible]	[illegible]	[illegible]	[illegible]	[illegible]
Parcours des trains de marchandises remorqués par [illegible]	[illegible]	[illegible]	[illegible]	[illegible]	[illegible]	[illegible]	[illegible]	[illegible]	[illegible]	[illegible]
	[illegible]	[illegible]	[illegible]	[illegible]	[illegible]	[illegible]	[illegible]	[illegible]	[illegible]	[illegible]
En faisant la même hypothèse que pour le Semmering, le prix de traction revient :										
Par kilomètre de train de voyageurs remorqué par une machine	[illegible]	[illegible]	[illegible]	[illegible]	[illegible]	[illegible]	[illegible]	[illegible]	[illegible]	[illegible]
Par kilomètre de train de marchandises remorqué par deux machines, dont une en tête et l'autre en queue	[illegible]	[illegible]	[illegible]	[illegible]	[illegible]	[illegible]	[illegible]	[illegible]	[illegible]	[illegible]
Consommation moyenne de combustible par kilomètre de train remorqué par une machine	[illegible]	[illegible]	[illegible]	[illegible]	[illegible]	[illegible]	[illegible]	[illegible]	[illegible]	[illegible]
Consommation moyenne de combustible par kilomètre de machine	[illegible]	[illegible]	[illegible]	[illegible]	[illegible]	[illegible]	[illegible]	[illegible]	[illegible]	[illegible]

N° 12.

ÉTAT COMPARATIF DES DÉPENSES

de traction et d'entretien du matériel par kilomètre de train sur les sections du Semmering et du Brenner dans la période de 1868 à 1877.

DÉSIGNATION DES CHAPITRES DE DÉPENSES.	DÉPENSES PAR CHAPITRE. Au Semmering. 1868.	1869.	1870.	1871.	1872.	1873.	1874.	1875.	1876.	1877.	Au Brenner. 1868.	1869.	1870.	1871.	1872.	1873.	1874.	1875.	1876.	1877.	OBSERVATIONS.
1° LOCOMOTIVES.																					[illegible]
Conduite	[illegible]	[illegible]	[illegible]	[illegible]	[illegible]	[illegible]	[illegible]	[illegible]	[illegible]	[illegible]	[illegible]	[illegible]	[illegible]	[illegible]	[illegible]	[illegible]	[illegible]	[illegible]	[illegible]	[illegible]	
Combustible	[illegible]	[illegible]	[illegible]	[illegible]	[illegible]	[illegible]	[illegible]	[illegible]	[illegible]	[illegible]	[illegible]	[illegible]	[illegible]	[illegible]	[illegible]	[illegible]	[illegible]	[illegible]	[illegible]	[illegible]	
Graissage	[illegible]	[illegible]	[illegible]	[illegible]	[illegible]	[illegible]	[illegible]	[illegible]	[illegible]	[illegible]	[illegible]	[illegible]	[illegible]	[illegible]	[illegible]	[illegible]	[illegible]	[illegible]	[illegible]	[illegible]	
Eau	[illegible]	[illegible]	[illegible]	[illegible]	[illegible]	[illegible]	[illegible]	[illegible]	[illegible]	[illegible]	[illegible]	[illegible]	[illegible]	[illegible]	[illegible]	[illegible]	[illegible]	[illegible]	[illegible]	[illegible]	
Réparations	[illegible]	[illegible]	[illegible]	[illegible]	[illegible]	[illegible]	[illegible]	[illegible]	[illegible]	[illegible]	[illegible]	[illegible]	[illegible]	[illegible]	[illegible]	[illegible]	[illegible]	[illegible]	[illegible]	[illegible]	
Frais généraux	[illegible]	[illegible]	[illegible]	[illegible]	[illegible]	[illegible]	[illegible]	[illegible]	[illegible]	[illegible]	[illegible]	[illegible]	[illegible]	[illegible]	[illegible]	[illegible]	[illegible]	[illegible]	[illegible]	[illegible]	
Total	[illegible]	[illegible]	[illegible]	[illegible]	[illegible]	[illegible]	[illegible]	[illegible]	[illegible]	[illegible]	[illegible]	[illegible]	[illegible]	[illegible]	[illegible]	[illegible]	[illegible]	[illegible]	[illegible]	[illegible]	
2° VOITURES ET WAGONS.																					
Réparations des voitures	[illegible]	[illegible]	[illegible]	[illegible]	[illegible]	[illegible]	[illegible]	[illegible]	[illegible]	[illegible]	[illegible]	[illegible]	[illegible]	[illegible]	[illegible]	[illegible]	[illegible]	[illegible]	[illegible]	[illegible]	
Réparations des wagons	[illegible]	[illegible]	[illegible]	[illegible]	[illegible]	[illegible]	[illegible]	[illegible]	[illegible]	[illegible]	[illegible]	[illegible]	[illegible]	[illegible]	[illegible]	[illegible]	[illegible]	[illegible]	[illegible]	[illegible]	
Graissage	[illegible]	[illegible]	[illegible]	[illegible]	[illegible]	[illegible]	[illegible]	[illegible]	[illegible]	[illegible]	[illegible]	[illegible]	[illegible]	[illegible]	[illegible]	[illegible]	[illegible]	[illegible]	[illegible]	[illegible]	
Frais généraux	[illegible]	[illegible]	[illegible]	[illegible]	[illegible]	[illegible]	[illegible]	[illegible]	[illegible]	[illegible]	[illegible]	[illegible]	[illegible]	[illegible]	[illegible]	[illegible]	[illegible]	[illegible]	[illegible]	[illegible]	
Total	[illegible]	[illegible]	[illegible]	[illegible]	[illegible]	[illegible]	[illegible]	[illegible]	[illegible]	[illegible]	[illegible]	[illegible]	[illegible]	[illegible]	[illegible]	[illegible]	[illegible]	[illegible]	[illegible]	[illegible]	
Total général	[illegible]	[illegible]	[illegible]	[illegible]	[illegible]	[illegible]	[illegible]	[illegible]	[illegible]	[illegible]	[illegible]	[illegible]	[illegible]	[illegible]	[illegible]	[illegible]	[illegible]	[illegible]	[illegible]	[illegible]	

N° 13.

TABLEAU COMPARATIF DES CHARGES TOTALES REMORQUÉES

sur les sections du Semmering et du Brenner, et [illegible] dans les années 1868 à 1877.

SECTIONS.	LONGUEUR des lignes exploitées (en kilomètres)	ANNÉES.	PARCOURS utile des trains (en kilomètres)	NOMBRE D'ESSIEUX PAR TRAIN. Voyageurs.	Mixtes.	Marchandises.	Moyenne.	[illegible] Voyageurs.	Mixtes.	Marchandises.	Moyenne.	[illegible]	[illegible]	[illegible]	[illegible]	OBSERVATIONS.
Semmering	41.78	1868	[illegible]	[illegible]	[illegible]	[illegible]	[illegible]	[illegible]	[illegible]	[illegible]	[illegible]	[illegible]	[illegible]	[illegible]	[illegible]	[illegible]
		1869	[illegible]	[illegible]	[illegible]	[illegible]	[illegible]	[illegible]	[illegible]	[illegible]	[illegible]	[illegible]	[illegible]	[illegible]	[illegible]	
		1870	[illegible]	[illegible]	[illegible]	[illegible]	[illegible]	[illegible]	[illegible]	[illegible]	[illegible]	[illegible]	[illegible]	[illegible]	[illegible]	
		1871	[illegible]	[illegible]	[illegible]	[illegible]	[illegible]	[illegible]	[illegible]	[illegible]	[illegible]	[illegible]	[illegible]	[illegible]	[illegible]	
		1872	[illegible]	[illegible]	[illegible]	[illegible]	[illegible]	[illegible]	[illegible]	[illegible]	[illegible]	[illegible]	[illegible]	[illegible]	[illegible]	
		1873	[illegible]	[illegible]	[illegible]	[illegible]	[illegible]	[illegible]	[illegible]	[illegible]	[illegible]	[illegible]	[illegible]	[illegible]	[illegible]	
		1874	[illegible]	[illegible]	[illegible]	[illegible]	[illegible]	[illegible]	[illegible]	[illegible]	[illegible]	[illegible]	[illegible]	[illegible]	[illegible]	
		1875	[illegible]	[illegible]	[illegible]	[illegible]	[illegible]	[illegible]	[illegible]	[illegible]	[illegible]	[illegible]	[illegible]	[illegible]	[illegible]	
		1876	[illegible]	[illegible]	[illegible]	[illegible]	[illegible]	[illegible]	[illegible]	[illegible]	[illegible]	[illegible]	[illegible]	[illegible]	[illegible]	
		1877	[illegible]	[illegible]	[illegible]	[illegible]	[illegible]	[illegible]	[illegible]	[illegible]	[illegible]	[illegible]	[illegible]	[illegible]	[illegible]	
Brenner	[illegible]	1868	[illegible]	[illegible]	[illegible]	[illegible]	[illegible]	[illegible]	[illegible]	[illegible]	[illegible]	[illegible]	[illegible]	[illegible]	[illegible]	
		1869	[illegible]	[illegible]	[illegible]	[illegible]	[illegible]	[illegible]	[illegible]	[illegible]	[illegible]	[illegible]	[illegible]	[illegible]	[illegible]	
		1870	[illegible]	[illegible]	[illegible]	[illegible]	[illegible]	[illegible]	[illegible]	[illegible]	[illegible]	[illegible]	[illegible]	[illegible]	[illegible]	
		1871	[illegible]	[illegible]	[illegible]	[illegible]	[illegible]	[illegible]	[illegible]	[illegible]	[illegible]	[illegible]	[illegible]	[illegible]	[illegible]	
		1872	[illegible]	[illegible]	[illegible]	[illegible]	[illegible]	[illegible]	[illegible]	[illegible]	[illegible]	[illegible]	[illegible]	[illegible]	[illegible]	
		1873	[illegible]	[illegible]	[illegible]	[illegible]	[illegible]	[illegible]	[illegible]	[illegible]	[illegible]	[illegible]	[illegible]	[illegible]	[illegible]	
		1874	[illegible]	[illegible]	[illegible]	[illegible]	[illegible]	[illegible]	[illegible]	[illegible]	[illegible]	[illegible]	[illegible]	[illegible]	[illegible]	
		1875	[illegible]	[illegible]	[illegible]	[illegible]	[illegible]	[illegible]	[illegible]	[illegible]	[illegible]	[illegible]	[illegible]	[illegible]	[illegible]	
		1876	[illegible]	[illegible]	[illegible]	[illegible]	[illegible]	[illegible]	[illegible]	[illegible]	[illegible]	[illegible]	[illegible]	[illegible]	[illegible]	
		1877	[illegible]	[illegible]	[illegible]	[illegible]	[illegible]	[illegible]	[illegible]	[illegible]	[illegible]	[illegible]	[illegible]	[illegible]	[illegible]	

N° 14.

ÉTAT COMPARATIF DES DÉPENSES DE TRACTION ET D'ENTRETIEN DU MATÉRIEL DES ANNÉES 1871 A 1877.

Ligne de Villach à Franzensfeste (dite du Pusterthal) .... 209 kilomètres.

DÉSIGNATION DES TRAVAUX ET DÉPENSES.	1871.	1872.	1873.	1874.	1875.	1876.	1877.	OBSERVATIONS.
Parcours des trains en kilomètres	[illegible]	[illegible]	[illegible]	[illegible]	[illegible]	[illegible]	[illegible]	
Chargement brut en tonnes kilométriques	[illegible]	[illegible]	[illegible]	[illegible]	[illegible]	[illegible]	[illegible]	
Chargement brut moyen d'un train	[illegible]	[illegible]	[illegible]	[illegible]	[illegible]	[illegible]	[illegible]	
Nombre d'essieux du train moyen	[illegible]	[illegible]	[illegible]	[illegible]	[illegible]	[illegible]	[illegible]	
Parcours des véhicules	[illegible]	[illegible]	[illegible]	[illegible]	[illegible]	[illegible]	[illegible]	
Dépenses de traction et d'entretien	[illegible]	[illegible]	[illegible]	[illegible]	[illegible]	[illegible]	[illegible]	
Dépenses par kilomètre de train.								
1° Locomotives.								
Conduite	0.333	[illegible]	[illegible]	[illegible]	[illegible]	[illegible]	0.174	
Combustible	[illegible]	[illegible]	[illegible]	[illegible]	[illegible]	[illegible]	[illegible]	
Graissage	[illegible]	[illegible]	[illegible]	[illegible]	[illegible]	[illegible]	[illegible]	
Eau	[illegible]	[illegible]	[illegible]	[illegible]	[illegible]	[illegible]	[illegible]	
Réparations	[illegible]	[illegible]	[illegible]	[illegible]	[illegible]	[illegible]	[illegible]	
Frais généraux	[illegible]	[illegible]	[illegible]	[illegible]	[illegible]	[illegible]	0.050	
2° Voitures et Wagons.								
Réparations des voitures	[illegible]	[illegible]	[illegible]	[illegible]	[illegible]	[illegible]	[illegible]	
Réparations des wagons	[illegible]	[illegible]	[illegible]	[illegible]	[illegible]	[illegible]	[illegible]	
Graissage des voitures et wagons	[illegible]	[illegible]	[illegible]	[illegible]	[illegible]	[illegible]	[illegible]	
Frais généraux	[illegible]	[illegible]	[illegible]	[illegible]	[illegible]	[illegible]	[illegible]	
Dépenses par { kilomètre de train	[illegible]	[illegible]	[illegible]	[illegible]	[illegible]	[illegible]	[illegible]	
Dépenses par { tonne kilométrique	[illegible]	[illegible]	[illegible]	[illegible]	[illegible]	[illegible]	[illegible]	

N° 15.

ÉTAT COMPARATIF DES DÉPENSES DE TRACTION ET D'ENTRETIEN DU MATÉRIEL DES ANNÉES 1871 A 1877.

Ligne de Saint-Peter à Fiume .... 55 kilomètres.

DÉSIGNATION DES TRAVAUX ET DÉPENSES.	1873.	1874.	1875.	1876.	1877.	OBSERVATIONS.
Parcours des trains en kilomètres	[illegible]	[illegible]	[illegible]	[illegible]	[illegible]	
Chargement brut en tonnes kilométriques	[illegible]	[illegible]	[illegible]	[illegible]	[illegible]	
Chargement brut moyen d'un train	[illegible]	[illegible]	[illegible]	[illegible]	[illegible]	
Nombre d'essieux du train moyen	[illegible]	[illegible]	[illegible]	[illegible]	[illegible]	
Parcours des véhicules	[illegible]	[illegible]	[illegible]	[illegible]	[illegible]	
Dépenses de traction et d'entretien	[illegible]	[illegible]	[illegible]	[illegible]	[illegible]	
Dépenses par kilomètre de train.						
1° Locomotives.						
Conduite	[illegible]	[illegible]	[illegible]	[illegible]	[illegible]	
Combustible	[illegible]	[illegible]	[illegible]	[illegible]	[illegible]	
Graissage	[illegible]	[illegible]	[illegible]	[illegible]	[illegible]	
Eau	[illegible]	[illegible]	[illegible]	[illegible]	[illegible]	
Réparations	[illegible]	[illegible]	[illegible]	[illegible]	[illegible]	
Frais généraux	[illegible]	[illegible]	[illegible]	[illegible]	[illegible]	
2° Voitures et Wagons.						
Réparations des voitures	[illegible]	[illegible]	[illegible]	[illegible]	[illegible]	
Réparations des wagons	[illegible]	[illegible]	[illegible]	[illegible]	[illegible]	
Graissage des voitures et wagons	[illegible]	[illegible]	[illegible]	[illegible]	[illegible]	
Frais généraux	[illegible]	[illegible]	[illegible]	[illegible]	[illegible]	
Dépenses par { kilomètre de train	[illegible]	[illegible]	[illegible]	[illegible]	[illegible]	
Dépenses par { tonne kilométrique	[illegible]	[illegible]	[illegible]	[illegible]	[illegible]	

N° 16.

TABLEAU COMPARATIF

des résultats obtenus par le service du matériel et de la traction sur les différentes lignes et sections du réseau des chemins de fer du Sud de l'Autriche.

DÉSIGNATION DES LIGNES ET SECTIONS.	ANNÉES.	KILOMÈTRES des lignes et sections exploitées.	Parcours des trains.		Chargement brut du train moyen.	Nombre d'essieux du train moyen.	Prix de revient.		OBSERVATIONS.
			Voyageurs et mixtes.	De marchandises et militaires.			Par kilomètre de train.	Par tonne kilométrique.	
Ligne principale de Vienne à Trieste et ses embranchements	[illegible]	[illegible]	[illegible]	[illegible]	[illegible]	[illegible]	[illegible]	[illegible]	
Section de Semmering	[illegible]	[illegible]	[illegible]	[illegible]	[illegible]	[illegible]	[illegible]	[illegible]	
Autres Sections réunies de la ligne principale et de ses embranchements	[illegible]	[illegible]	[illegible]	[illegible]	[illegible]	[illegible]	[illegible]	[illegible]	
Ligne du Tyrol	[illegible]	[illegible]	[illegible]	[illegible]	[illegible]	[illegible]	[illegible]	[illegible]	
Section du Brenner	[illegible]	[illegible]	[illegible]	[illegible]	[illegible]	[illegible]	[illegible]	[illegible]	
Autres Sections de la ligne du Tyrol	[illegible]	[illegible]	[illegible]	[illegible]	[illegible]	[illegible]	[illegible]	[illegible]	

N° 17.

TABLEAU COMPARATIF

des résultats obtenus par le service du matériel et de la traction sur les différentes lignes du réseau des chemins de fer du Sud de l'Autriche.

DÉSIGNATION DES LIGNES.	ANNÉES.	LONGUEUR DES LIGNES exploitées.	PARCOURS DES TRAINS.		CHARGE BRUTE MOYENNE par train moyen.		PRIX DU PARCOURS.		OBSERVATIONS.
			Voyageurs et mixtes.	Marchandises et service.			Par kilomètre de train.	Par tonne kilométrique.	
Ligne principale de Vienne à Trieste et ses embranchements	[illegible]	[illegible]	[illegible]	[illegible]	[illegible]	[illegible]	[illegible]	[illegible]	
Ligne du Tyrol	[illegible]	[illegible]	[illegible]	[illegible]	[illegible]	[illegible]	[illegible]	[illegible]	
Ligne de Villach à Franzensfeste	[illegible]	[illegible]	[illegible]	[illegible]	[illegible]	[illegible]	[illegible]	[illegible]	
Ligne de Saint-Peter à Fiume	[illegible]	[illegible]	[illegible]	[illegible]	[illegible]	[illegible]	[illegible]	[illegible]	
Ensemble du réseau	[illegible]	[illegible]	[illegible]	[illegible]	[illegible]	[illegible]	[illegible]	[illegible]	

N° 18.

TABLEAU COMPARATIF DES RÉSULTATS

obtenus par le service du Matériel et de la Traction sur les différentes lignes du réseau des chemins de fer du Sud de l'Autriche.

Ligne principale de Vienne à Trieste et ses embranchements.

Années.	Kilomètres des trains.	Chargement moyen en 1000 tonnes kilométriques.	Dépenses totales de traction et d'entretien du matériel.	Dépense par kilomètre de train.	Dépense par 1000 tonnes kilométriques.
1867	5,361,299	[illegible]	[illegible]	0.972	5.596
1868	5,807,991	1,095,302	7,396,464 86	0.876	4.615
1869	5,440,361	1,016,306	[illegible]	0.904	5.154
1870	6,035,101	[illegible]	6,071,092 77	0.996	4.920
1871	7,050,449	1,057,328	[illegible]	1.036	4.898
1872	[illegible]	1,003,443	[illegible]	1.065	5.105
1873	9,376,348	[illegible]	[illegible]	1.085	5.150
1874	8,810,186	[illegible]	[illegible]	1.091	5.368
1875	8,567,414	[illegible]	9,255,999 40	1.079	5.136
1876	8,800,771	1,816,824	[illegible]	1.075	5.065
1877	9,076,378	[illegible]	[illegible]	0.982	4.582

Ligne du Tyrol.

Années.	Kilomètres des trains.	Chargement moyen en 1000 tonnes kilométriques.	Dépenses totales de traction et d'entretien du matériel.	Dépense par kilomètre de train.	Dépense par 1000 tonnes kilométriques.
1867	[illegible]	»	[illegible]	0.979	»
1868	1,077,671	115,307	[illegible]	1.304	11.459
1869	[illegible]	119,091	1,410,039 97	1.094	9.644
1870	1,156,907	130,105	[illegible]	1.099	[illegible]
1871	[illegible]	[illegible]	[illegible]	[illegible]	[illegible]
1872	[illegible]	182,966	1,215,540 25	1.065	9.438
1873	[illegible]	[illegible]	1,592,023 25	1.17	7.894
1874	1,546,069	249,148	[illegible]	1.124	7.018
1875	1,400,858	297,102	[illegible]	1.197	7.396
1876	[illegible]	271,932	[illegible]	1.090	6.894
1877	1,605,914	294,081	[illegible]	1.011	5.877

Ligne de Villach à Franzensfeste.

Années.	Kilomètres des trains.	Chargement moyen en 1000 tonnes kilométriques.	Dépenses totales de traction et d'entretien du matériel.	Dépense par kilomètre de train.	Dépense par 1000 tonnes kilométriques.
1867	»	»	»	»	»
1868	»	»	»	»	»
1869	»	»	»	»	»
1870	»	»	»	»	»
1871	47,907	4,829	[illegible]	[illegible]	12.55
1872	[illegible]	45,149	541,251 45	[illegible]	10.40
1873	140,079	71,250	154,990 28	1.108	7.492
1874	[illegible]	81,358	[illegible]	1.086	9.504
1875	[illegible]	89,153	600,916 63	1.004	6.032
1876	441,264	109,145	[illegible]	1.088	6.014
1877	[illegible]	[illegible]	701,717 39	0.930	5.224

Ligne de Saint-Peter à Fiume.

Années.	Kilomètres des trains.	Chargement moyen en 1000 tonnes kilométriques.	Dépenses totales de traction et d'entretien du matériel.	Dépense par kilomètre de train.	Dépense par 1000 tonnes kilométriques.
1867	»	»	»	»	»
1868	»	»	»	»	»
1869	»	»	»	»	»
1870	»	»	»	»	»
1871	»	»	»	»	»
1872	»	»	»	»	»
1873	[illegible]	[illegible]	[illegible]	1.340	14.42
1874	90,503	[illegible]	[illegible]	1.266	41.054
1875	[illegible]	4,157	[illegible]	1.364	19.67
1876	[illegible]	[illegible]	105,129 50	1.282	[illegible]
1877	[illegible]	7,120	[illegible]	1.429	11.343

Ensemble du réseau.

Années.	Kilomètres des trains.	Chargement moyen en 1000 tonnes kilométriques.	Dépenses totales de traction et d'entretien du matériel.	Dépense par kilomètre de train.	Dépense par 1000 tonnes kilométriques.
1867	[illegible]	»	[illegible]	0.873	»
1868	[illegible]	[illegible]	[illegible]	0.947	5.038
1869	[illegible]	[illegible]	[illegible]	0.958	4.778
1870	[illegible]	[illegible]	[illegible]	1.005	5.800
1871	[illegible]	[illegible]	10,524,273 67	1.064	5.307
1872	[illegible]	[illegible]	[illegible]	1.070	5.055
1873	[illegible]	[illegible]	[illegible]	1.004	5.494
1874	[illegible]	[illegible]	[illegible]	1.008	5.391
1875	[illegible]	2,781,169	[illegible]	1.092	5.806
1876	[illegible]	[illegible]	[illegible]	1.030	5.095
1877	[illegible]	[illegible]	[illegible]	0.969	4.647

Paris. — Impr. [illegible]

N° 19.

TABLEAU COMPARATIF

des données et dimensions principales des locomotives à 8 roues couplées de la Compagnie.

DÉSIGNATION DES OBJETS, DIMENSIONS, POIDS	MACHINES de la série [illegible] pour trains de voyageurs en Semmering.	MACHINES de la série [illegible]	MACHINES de la série [illegible]	MACHINES de la série [illegible]	MACHINES de la série [illegible] type principal et prototype	MACHINES de la série [illegible] pour trains de voyageurs en [illegible].
		Pour trains de marchandises sur toutes les sections de la ligne principale (et celle du Semmering).		[illegible]		
ATELIER DE CONSTRUCTION	Anciennes machines-tender [illegible] à Vienne.	[illegible] 2 [illegible]	[illegible]	[illegible]	Fabrique de machines [illegible]	[illegible]
LOCOMOTIVES.						
[illegible]	[illegible]	[illegible]	[illegible]	[illegible]	[illegible]	[illegible]
TENDERS.						
[illegible]	[illegible]	[illegible]	[illegible]	[illegible]	[illegible]	[illegible]

N° 20.

LOCOMOTIVE A 8 ROUES COUPLÉES

10 MACHINES CONSTRUITES EN [illegible]

5 machines construites dans les ateliers de Floridsdorf.

5 machines construites dans les ateliers de Neustadt.

DÉSIGNATION.				DÉSIGNATION.			
Grille	Longueur		[illegible]	Boîtes	[illegible]	[illegible]	[illegible]
	Largeur		[illegible]				
	Surface		[illegible]				
Foyer	Hauteur	avant	[illegible]				
		arrière	[illegible]				
	Longueur	minimum	[illegible]				
		maximum	[illegible]				
	Largeur	minimum	[illegible]				
		maximum	[illegible]				
	[illegible]		[illegible]	[illegible]	[illegible]		[illegible]
Tubes	Nombre		[illegible]	[illegible]	[illegible]		[illegible]
[illegible]	[illegible]	[illegible]	[illegible]	[illegible]	[illegible]	[illegible]	[illegible]

Paris. — Imp. [illegible]

Longueurs des Sections et proportion des Rampes

SECTIONS	Longueur des Sections en kilomètres	Rampes¹		Paliers¹		Pentes¹		Longueur d'alignement en mètres	Rayon de courbure minimum
		[illegible]	[illegible]	[illegible]	[illegible]	[illegible]	[illegible]		
VIENNE-GLOGGNITZ	75	60.4	72.6	4.6	6.6	10.0	3.7	5.636	300
GLOGGNITZ-MÜRZZUSCHLAG	[illegible]	[illegible]	[illegible]			21.6	8.6	38.000	180
MÜRZZUSCHLAG-LAIBACH	[illegible]	12.8	[illegible]	6.6	8.8	40.6	22.0	9.450	190
LAIBACH-TRIESTE	146	45.3	[illegible]	[illegible]	[illegible]	54.8	18.7	[illegible]	190
VIENNE-TRIESTE	576	[illegible]	[illegible]	[illegible]	[illegible]	[illegible]	16.8	[illegible]	180
MÖDLING-LAXENBURG	3			[illegible]		22.4	14.6	9.800	300
MARBOURG-VILLACH	164	[illegible]	[illegible]	45.8	7.8	[illegible]	4.6	16.685	510
[illegible]	40	[illegible]	[illegible]	[illegible]	6.6	24.1	12.6	[illegible]	330
BRUCK-VORDERNBERG	40	[illegible]	[illegible]	9.0	[illegible]	[illegible]	[illegible]	[illegible]	[illegible]
NEUSTADT-GRAMMATNEUSIEDL	27	[illegible]	[illegible]	6	[illegible]	44.7	4.9	8.710	330
St PETER-FIUME	55	6.0	[illegible]	[illegible]	[illegible]	[illegible]	33.9	[illegible]	180
[illegible]	330	[illegible]	[illegible]	[illegible]	[illegible]	[illegible]	4.6	[illegible]	600
[illegible]	181	[illegible]	[illegible]	[illegible]	[illegible]	43.1	[illegible]	47.382	560
[illegible]	60	[illegible]	5.6	[illegible]	[illegible]	24.2	[illegible]	4.440	480
[illegible]	119	[illegible]	[illegible]	[illegible]	[illegible]	[illegible]	[illegible]	[illegible]	380
AGRAM-CARLSTADT	52	10.3	[illegible]	29.1	[illegible]	26.6	[illegible]	[illegible]	490
[illegible]	77	4.3	[illegible]	[illegible]	[illegible]	56.2	[illegible]	3.285	[illegible]
KUFSTEIN-INNSBRUCK	76	[illegible]	[illegible]	[illegible]	8.2	[illegible]	[illegible]	[illegible]	[illegible]
INNSBRUCK-BOTZEN	125	19.6	45.6	[illegible]	2.6	32.2	66.0	25.440	250
[illegible]	[illegible]	[illegible]	[illegible]	[illegible]	[illegible]	[illegible]	[illegible]	[illegible]	[illegible]
[illegible]	207	[illegible]	[illegible]	[illegible]	[illegible]	[illegible]	[illegible]	[illegible]	[illegible]
VILLACH-[illegible]	[illegible]	[illegible]	[illegible]	[illegible]	4.6	[illegible]	[illegible]	[illegible]	[illegible]
[illegible]	36	[illegible]	[illegible]	[illegible]	[illegible]	19.0	13.6	[illegible]	[illegible]
BRUNECK-FRANZENSFESTE	40	6.3	[illegible]	[illegible]	6.7	[illegible]	[illegible]	[illegible]	285
[illegible]	79	[illegible]	[illegible]	[illegible]	[illegible]	[illegible]	[illegible]	56.400	[illegible]

¹ Les longueurs des Rampes, Paliers et Pentes sont indiquées en centièmes de la longueur totale de chaque section.

Chemins du Sud

Ligne principale de Vienne à Trieste avec ses Embranchements.

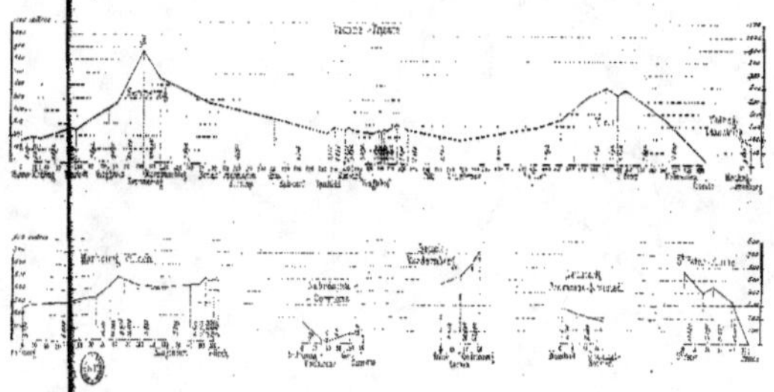

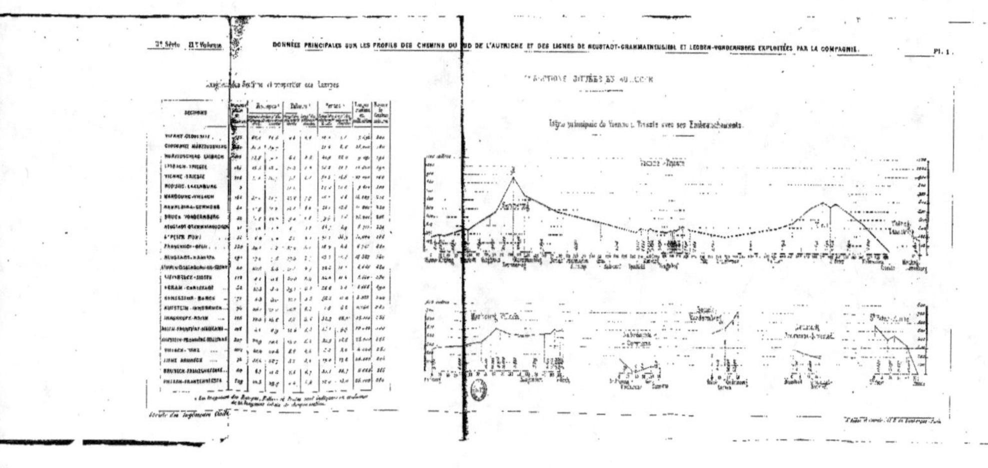

DONNÉES PRINCIPALES SUR LES PROFILS DES CHEMINS DU SUD DE L'AUTRICHE.

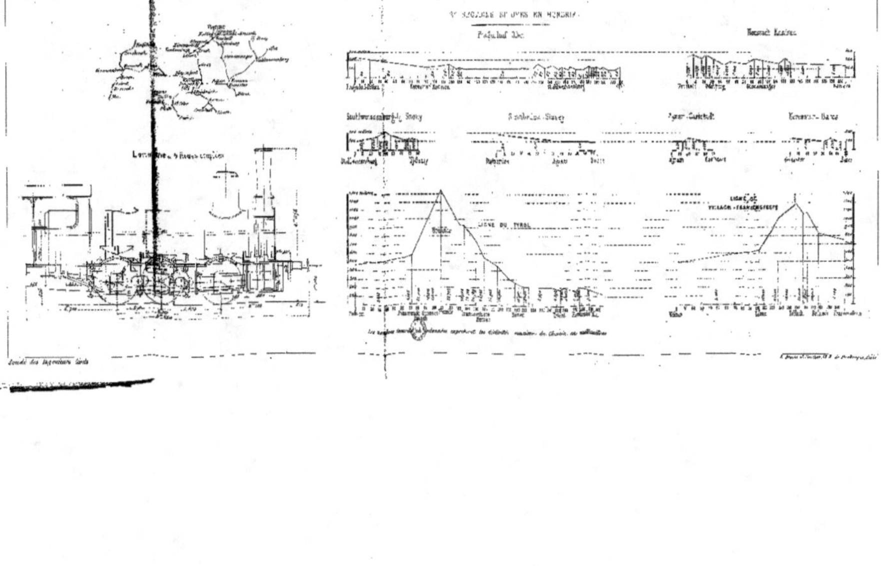

www.ingramcontent.com/pod-product-compliance
Lightning Source LLC
LaVergne TN
LVHW021752170726
843503LV00004B/1848
* 9 7 8 2 3 2 9 7 3 3 3 4 0 *